こんな 仕事で困った ことは ありませんか？

- 数式をコピーしても正しく計算されないのはどうして？
- 読めない漢字はどうやって入力したらいいの？
- ファイルの圧縮と展開って何のこと？

先輩、助けてください〜！
操作がうまくできなくて…

そんなときは、こ〜

仕事で困りがちなシチュエーションに合わせてやさしく解説されているから、初心者にぴったりだよ！

この本では、仕事で困ったときに今さら聞けないような Word ・ Excel ・ PowerPoint ・ ファイル管理 の操作を厳選して紹介しています。

仕事中、手元にあると安心な1冊です。

本書の使い方

39 Excel 表のデータを増やしたのに計算結果が変わらない
数式のデータ範囲の修正

数式を入力したあとで、データが増えることもありますよね。データを増やしたけど、数式の計算結果が変わらず困ったことはありませんか？そのようなときは、数式のデータ範囲を修正します。

ここには、仕事でよくある困りごとが書いてあるんだね

ためしてみよう Sample-39

❶ セルを選択

❷ F2 を押す

❸ 数式のデータ範囲が色枠で表示される

❹ 色枠の右下の■（ハンドル）をポイントし、マウスポインターの形が ↘ に変わったら追加するデータ範囲を含むようにドラッグ

❺ 数式のデータ範囲が修正される

❻ Enter を押す

❼ 正しい計算結果が表示される

お困りごとを解決するための操作手順が書いてあるよ

画面をスクロールすると見出しが見えなくなる！

ウィンドウ枠の固定

パソコンの1画面に収まらない表を下へスクロールすると見出しが見えなくなって、上へ下へと行ったり来たり…なんてことはありませんか？そのようなときは、**「ウィンドウ枠の固定」**を使います。

見出しが見えないと、何のデータかわからないよ〜

ためしてみよう

Sample-40

❶ 固定する行を表示

❷ 固定する行の下の行番号を選択

❸ 《表示》タブの《ウィンドウ枠の固定》をクリック

❹ 《ウィンドウ枠の固定》をクリック

❺ 行が固定される

> 💡 **Point** ウィンドウ枠の固定の解除
>
> ◆《表示》タブ→《ウィンドウ》グループの （ウィンドウ枠の固定）→《ウィンドウ枠固定の解除》

> 》》Column《《 **ウィンドウ枠の固定の注意**
>
> ウィンドウ枠の固定を設定すると現在の表示のまま固定されます。例えば、2行目から表示している状態で3行目を固定すると、1行目を見ることができなくなります。

機能名がわからなくても、シチュエーションから探せるから安心だよ

操作ファイル
実際に操作するときに使うファイル名です。

Point
さらに知っておいてほしい内容です。

Column
知っていると、実力アップにつながる内容です。

困ったときにすぐに操作を調べられるから便利だね！

操作ファイルについて

FOM出版のホームページで「操作ファイル」を提供しています。
「仕事で使っているファイルを直接操作するのは不安…」「仕事で困らないように学習したい！」という方は、操作ファイルで練習できます。

※操作ファイルのダウンロード方法は、右のQRコードから動画でご確認いただけます。
　詳しいダウンロードの手順については、P.3「操作ファイルについて」を参照してください。

はじめに

「操作がうまくできず、資料作成が全然進まない…」「ファイル管理ってどうやったらいいの？」など仕事中に困ったことはありませんか？
これまでパソコンを使う機会がなかった方や新入社員の方は、Officeアプリの使い方やファイル管理に戸惑うことがあるかもしれません。
この本は、仕事で困りがちなシチュエーションに合わせて、Word・Excel・PowerPointとファイル管理の基本的な操作をわかりやすく解説しています。
業務には慣れているけれど、手探りで操作を行っている方や内定者の方にもおすすめの一冊です。
仕事中、困ったときにいつでも調べられるよう、手元に置いていただけると幸いです。

> **本書を購入される前に必ずご一読ください**
> 本書に記載されている操作方法は、2024年8月現在の次の環境で動作確認しております。
> ・Windows 11（バージョン23H2　ビルド22631.3958）
> ・Microsoft 365（バージョン2407　ビルド16.0.17830.20056）
> ・Office 2021（バージョン2406　ビルド16.0.17726.20078）
> 本書発行後のWindowsやOfficeのアップデートによって機能が更新された場合には、本書の記載のとおりに操作できなくなる可能性があります。あらかじめご了承のうえ、ご購入・ご利用ください。

2024年10月2日
FOM出版

◆ Microsoft、Excel、Microsoft 365、OneDrive、Windowsは、マイクロソフトグループの企業の商標です。
◆ QRコードは、株式会社デンソーウェーブの登録商標です。
◆ その他、記載されている会社および製品などの名称は、各社の登録商標または商標です。
◆ 本文中では、TMや®は省略しています。
◆ 本文中のスクリーンショットは、マイクロソフトの許諾を得て使用しています。
◆ 本文およびデータファイルで題材として使用している個人名、団体名、商品名、ロゴ、連絡先、メールアドレス、場所、出来事などは、すべて架空のものです。実在するものとは一切関係ありません。
◆ 本書に掲載されているホームページやサービスは、2024年8月現在のもので、予告なく変更される可能性があります。

Contents

Word

01	送付状にビジネス用のあいさつ文を入れたいけど、適切なあいさつ文とは？	あいさつ文の挿入	6
02	文字を入力したら勝手に波線が！このままでも大丈夫？	スペルチェック	7
03	文字の先頭が勝手に大文字に変わった！おせっかいな機能どうにかならないの？	オートコレクト	8
04	よく入力する専門用語や会社名を簡単に入力する方法はないの？	単語の登録	10
05	読めない漢字はどうやって入力したらいいの？	IMEパッド	11
06	文字だけコピーしたかったのに、書式までついてきちゃった！	貼り付けのオプション	12
07	2つ前にコピーしたデータをまた貼り付けたい！	クリップボード	13
08	空白を入れて文字を中央に配置するのって、あり？	中央揃え	14
09	中止になった開催日時は、どうやったら相手に伝わりやすいかな？	取り消し線	15
10	行頭に番号を付けてわかりやすくしたい！	段落番号	16
11	400文字でまとめてっていわれたけど、文字数は全部数えるしかない？	文字カウント	17
12	文書内の単語を修正したけど、修正漏れがないか不安！	置換	18
13	表の列が足りなかった！作り直すしかないの？	列の挿入	20
14	表全体のサイズをバランスよく変更したい！	表のサイズ変更	21
15	表の行の高さがバラバラになってしまった！	高さを揃える	22
16	表全体の配置を変更したいのに、文字の配置が変わっちゃった！	表の配置	23
17	セル内の上に寄っている文字をバランスよく配置したい！	表のセル内の配置	24
18	記入場所を間違えないように、表のセルに斜め線を引きたい！	表の罫線	26

19	表を削除したいのに、中の文字が削除されちゃった！	表の削除	27
20	画像を挿入したら文字の配置が変になってしまった！	文字列の折り返し	28
21	あとで確認することをメモに残しておきたい	コメント	30
22	文書を直接修正しても大丈夫かな？ どこを修正したかわかるようにしたい！	変更履歴の記録	32
23	添削してもらった文書は、このあとどうしたらいい？	変更履歴の反映	34
24	用紙を横向きにするにはどうしたらいいの？	ページの向きを変更	35
25	せっかく作った文書を、保存しないで閉じてしまった！	文書の自動回復	36

Excel

26	セル内の一部の文字だけ修正したいけど、 全部入力しなおすしかないの？	編集モード	38
27	セル内の一部の文字しか表示されなくなったのは、 どうしたらいい？	列幅の自動調整	39
28	セル内の文字を自由な位置で改行できないの？	強制改行	40
29	「#####」と表示されてしまった！これってエラーなの？	列幅の調整	41
30	「001」と表示したいのに「1」としか表示されない	ユーザー定義の表示形式	42
31	桁数の多い数値を入力したら変な表示になった！ 普通の数値で表示できないの？	数値の表示形式	44
32	データに単位「人」を付けたら計算されない！	ユーザー定義の表示形式	45
33	「9-1」と表示したいのに「9月1日」と表示された！	文字列の表示形式	46
34	ドラッグで連番を入力しようとしたら、 全部「1」になってしまった！	オートフィルオプション	47
35	数式をコピーしても正しく計算されない！	絶対参照	48
36	入力を誰かに依頼したいけど、間違えて表の数式を 変えられないか心配	セルのロックの解除 シートの保護	50
37	入力ミスや表記ゆれを防ぎたい！	データの入力規則	52

No.	タイトル	タグ	ページ
38	1つのセルの内容を2列に分けたい	フラッシュフィル	53
39	表のデータを増やしたのに計算結果が変わらない	数式のデータ範囲の修正	54
40	画面をスクロールすると見出しが見えなくなる！	ウィンドウ枠の固定	55
41	同じ形式の表に入力したいけど、また表を作るしかないの？	シートのコピー	56
42	複数のExcelのファイルを1つにまとめたい	シートのコピー	57
43	大きな表のデータの選択が難しい！	セル範囲の選択	58
44	この列、削除はしたくないけど今はちょっとじゃま	列の非表示	59
45	表内の文字を枠からちょっとだけ離したい！	インデント	60
46	ファイルを開くたびに表示される場所が違って不便	アクティブセルの位置の保存	62
47	複数の条件でデータを並べ替えたい	並べ替え	64
48	表を作り直さないで、欲しいデータだけを表示できる？	フィルター	66
49	表をテーブルに変換するって何をすればいいの？	テーブル	68
50	1つのセルに数式を入力したら、列全体に入力された！？	テーブルの数式	70
51	売上が高いデータを強調したいけど、数値が変わったらまたやり直し？	条件付き書式	72
52	重複したデータを確認してから削除したい	条件付き書式 / 重複の削除	74
53	割合をグラフで表示したいけど、どの種類のグラフでもいい？	円グラフ	76
54	円グラフのデータを1つだけ強調したい！	切り離し円	78
55	グラフの項目名の並び順が逆になってしまった！	軸の反転	79
56	円グラフのデータを大きい順に表示したい！	グラフのデータの並べ替え	80
57	グラフに新しいデータを追加したい！	グラフのデータ範囲の変更	81

58	複合グラフを作ったら、1つの折れ線がほとんど直線になった！	第2軸	82
59	表の項目ごとに数値の推移のグラフを見せられないかな？	折れ線スパークライン	84
60	グラフのレイアウトをもっと簡単に変えられない？	クイックレイアウト	86
61	グラフの単位はどうやって表示するの？	軸ラベル	88
62	グラフだけを目立たせたい！	グラフの移動	90
63	シート上に青枠！これ何？	表示モード	91
64	表の印刷をしようとしたら、少しだけ列がはみ出ている！	拡大／縮小印刷	92
65	データのまとまりごとにページを分けて印刷したい	改ページ位置	93
66	大きな表の印刷、2ページ目以降も表の見出しを入力しておかないとだめ？	タイトル行	94

PowerPoint

67	プレゼンテーションの内容と色を合わせるにはどうしたらいいの？	テーマの色	96
68	フォントをまとめて変更したい！	フォントの置換	97
69	箇条書きテキストの文字の位置はどうやってずらすの？	箇条書きテキストのレベルの変更	98
70	箇条書き内で改行したいのに、先頭にマークが出てしまう！	箇条書きテキストの改行	99
71	図形に追加した文字がはみ出してしまった！	図形の書式設定	100
72	図形の位置をきれいにそろえるにはどうしたらいいの？	オブジェクトの配置	102
73	図形の配置はそのままで、全体的に位置を調整したい！	オブジェクトのグループ化	104
74	スライドが文字ばっかりになっちゃった！うまく整理する方法はない？	SmartArtグラフィック	106
75	入力済みの文字を使ってSmartArtグラフィックにならないかな？	SmartArtグラフィックに変換	108
76	挿入した写真が暗すぎるけど、撮り直しすしかないの？	画像の修正	109

No.	タイトル	タグ	ページ
77	スライドがさみしくなっちゃった！イラストでも入れられないかな？	アイコン	110
78	スライドショーを実行しないでアニメーションや画面切り替えの動きを確認したい	アニメーションのプレビュー / 画面切り替えのプレビュー	111
79	ほかのプレゼンテーションのスライドを利用できないかな？	スライドの再利用	112
80	どうやってスライドにページ番号を表示するの？	スライド番号	114
81	緊張して話すことを忘れてしまいそう！発表内容をメモしておきたい	ノートペイン	115
82	発表内容を印刷しておくにはどうしたらいい？	ノートの印刷	116
83	質疑応答のときもスマートにスライドを切り替えたい！	スライドの切り替え	118
84	大事なプレゼンテーション、本番前に練習したい！	リハーサル	120
85	自動でプレゼンテーションが進むようにならないかな？	画面切り替えのタイミング	122

ファイル管理

No.	タイトル	タグ	ページ
86	デスクトップやドキュメントにファイルがいっぱい！	フォルダーの作成	124
87	保存したはずのファイルが見つからない！	ファイルの検索	125
88	どれが最新のファイルかわからない！	ファイル名の変更	126
89	ファイルの保存先までなかなか行きつかない！	ショートカット	127
90	ファイルを削除したけど、削除してはいけないものだった！	ごみ箱のファイルを元に戻す	128
91	ファイルをコピーしたはずなのに、元のフォルダーから消えちゃった！	ファイルの移動 / ファイルのコピー	129
92	CSV？PDF？ファイルの種類って何があるの？	拡張子の表示	130
93	圧縮されたファイルを渡されたけど、これはどうしたらいいの？	ファイルの展開 / ファイルの圧縮	132
94	ファイルに付いている雲のマークは何？	OneDrive	134
95	アプリを入れたのに表示されない！どこにあるの？	アプリのダウンロード／インストール	136

本書をご利用いただく前に

1 本書の記述について

操作の説明のために使用している記号は、次のような意味があります。

記述	意味	例
「　」	重要な語句や機能名、画面の表示などを示します。	「ウィンドウ枠の固定」を使います。
《　》	ダイアログボックス名やタブ名、項目名など画面の表示を示します。	《表示》タブの《ウィンドウ枠の固定》をクリック

2 製品名の記載について

本書では、次の名称を使用しています。

正式名称	本書で使用している名称
Windows 11	Windows 11 または Windows
Microsoft 365 Apps	Microsoft 365
Microsoft Office 2021	Office 2021 または Office

※ 主な製品を挙げています。その他の製品も略称を使用している場合があります。

3 学習環境について

本書を学習するには、次のアプリが必要です。
また、インターネットに接続できる環境で学習することを前提にしています。

```
Microsoft 365のWord　または　Word 2021
Microsoft 365のExcel　または　Excel 2021
Microsoft 365のPowerPoint　または　PowerPoint 2021
```

◆本書の開発環境

本書を開発した環境は、次のとおりです。

OS	Windows 11 Pro（バージョン23H2　ビルド22631.3958）
アプリ	Microsoft 365 Apps（バージョン2407　ビルド16.0.17830.20056）
ディスプレイの解像度	1280×768ピクセル
その他	・WindowsにMicrosoftアカウントでサインインし、インターネットに接続した状態 ・OneDriveと同期していない状態

※ 本書は、2024年8月時点のMicrosoft 365のWordまたはWord 2021／Microsoft 365のExcelまたはExcel 2021／Microsoft 365のPowerPointまたはPowerPoint 2021に基づいて解説しています。
今後のアップデートによって機能が更新された場合には、本書の記載のとおりに操作できなくなる可能性があります。本書に記載されているコマンドなどの名称が表示されない場合は、掲載画面の枠が付いている位置を参考に操作してください。

4 学習時の注意事項について

お使いの環境によっては、次のような内容について本書の記載と異なる場合があります。
ご確認のうえ、学習を進めてください。

◆ボタンの形状

お使いの環境によっては、ボタンの形状やサイズ、位置が異なる場合があります。
ボタンの操作は、ポップヒントに表示されるボタン名を参考に操作してください。

例

◆《ファイル》タブの《その他》コマンド

《ファイル》タブのコマンドは、画面の左側に一覧で表示されます。お使いの環境によっては、下側のコマンドが《その他》にまとめられている場合があります。目的のコマンドが表示されていない場合は、《その他》をクリックしてコマンドを表示してください。

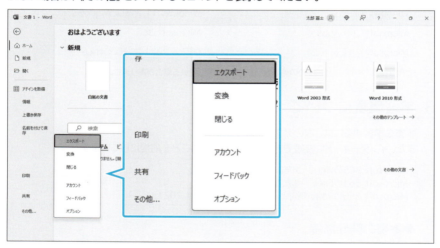

◆編集記号の表示

本書では、Wordの編集記号を表示した状態で画面を掲載しています。
「**編集記号**」とは、文書内の改行位置や改ページ位置、空白などを表す記号のことです。画面上に表示することで、改ページされている箇所や空白のある場所がわかりやすくなります。
編集記号を表示するには、《**ホーム**》タブ→《**段落**》グループの （編集記号の表示/非表示）をクリックします。

5 操作ファイルについて

本書で使用する操作ファイルは、FOM出版のホームページで提供しています。ダウンロードしてご利用ください。

ホームページアドレス

https://www.fom.fujitsu.com/goods/

※アドレスを入力するとき、間違いがないか確認してください。

ホームページ検索用キーワード

FOM出版

◆操作ファイルのダウンロード

操作ファイルをダウンロードする方法は、次のとおりです。
① ブラウザーを起動し、FOM出版のホームページを表示します。
※アドレスを直接入力するか、キーワードでホームページを検索します。
②《ダウンロード》をクリックします。
③《アプリケーション》の《Office全般》をクリックします。
④《よくわかる　今さら聞けない「仕事で困った」を解決！Word・Excel・PowerPoint・ファイル管理　FPT2408》をクリックします。
⑤《学習ファイル》の《学習ファイルのダウンロード》をクリックします。
⑥ 本書に関する質問に回答します。
⑦ 学習ファイルの利用に関する説明を確認し、《OK》をクリックします。
⑧《学習ファイル》の「fpt2408.zip」をクリックします。
⑨ ダウンロードが完了したら、ブラウザーを終了します。
※ダウンロードしたファイルは、《ダウンロード》に保存されます。

◆操作ファイルの解凍方法

ダウンロードした操作ファイルは圧縮されているので、解凍（展開）します。ダウンロードしたファイル「fpt2408.zip」を《ドキュメント》に解凍する方法は、次のとおりです。
① デスクトップ画面を表示します。
② タスクバーの（エクスプローラー）をクリックします。
③ 左側の一覧から《ダウンロード》を選択します。
④ ファイル「fpt2408」を右クリックします。
⑤《すべて展開》をクリックします。
⑥《参照》をクリックします。
⑦ 左側の一覧から《ドキュメント》を選択します。
⑧《フォルダーの選択》をクリックします。
⑨《ファイルを下のフォルダーに展開する》が「C:¥Users¥（ユーザー名）¥Documents」に変更されます。
⑩《完了時に展開されたファイルを表示する》を☑にします。
⑪《展開》をクリックします。
⑫ ファイルが解凍され、《ドキュメント》が開かれます。
⑬ ファイルが表示されていることを確認します。
※すべてのウィンドウを閉じておきましょう。

◆操作ファイル利用時の注意事項

編集を有効にする

ダウンロードした操作ファイルを開く際、そのファイルが安全かどうかを確認するメッセージが表示される場合があります。操作ファイルは安全なので、《編集を有効にする》をクリックして、編集可能な状態にしてください。

自動保存をオフにする

操作ファイルをOneDriveと同期されているフォルダーに保存すると、初期の設定では自動保存がオンになり、一定の時間ごとにファイルが自動的に上書き保存されます。自動保存によって、元のファイルを上書きしたくない場合は、自動保存をオフにしてください。

6 Microsoft 365／Office 2021の操作方法について

アップデートによって操作方法が更新された場合は、FOM出版のホームページでご案内いたします。ダウンロードしてご利用ください。

① ブラウザーを起動し、次のホームページにアクセスします。

> https://www.fom.fujitsu.com/goods/

※アドレスを入力するとき、間違いがないか確認してください。

② 《ダウンロード》をクリックします。
③ 《アプリケーション》の《Office全般》をクリックします。
④ 《よくわかる　今さら聞けない「仕事で困った」を解決！Word・Excel・PowerPoint・ファイル管理　FPT2408》をクリックします。
⑤ ホームページに表示された内容にしたがって、操作方法を確認します。

7 本書の最新情報について

本書に関する最新のQ＆A情報や訂正情報、重要なお知らせなどについては、FOM出版のホームページでご確認ください。

ホームページアドレス

> https://www.fom.fujitsu.com/goods/

※アドレスを入力するとき、間違いがないか確認してください。

ホームページ検索用キーワード

> FOM出版

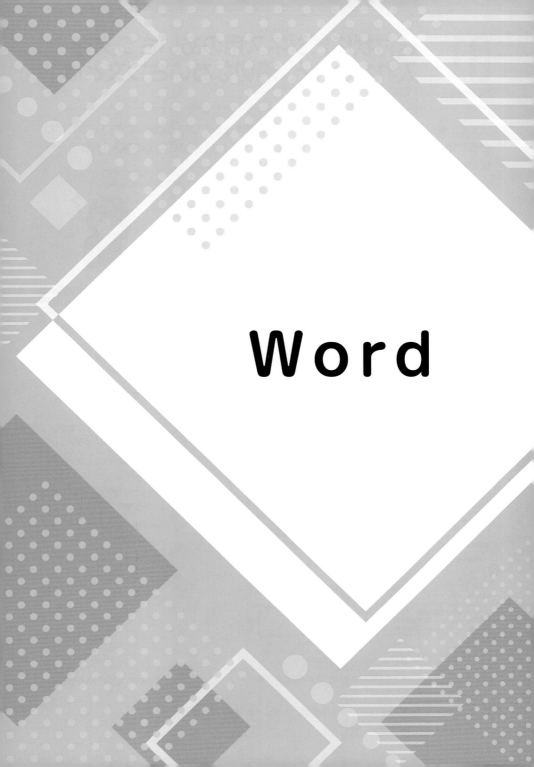

01 Word

送付状にビジネス用のあいさつ文を入れたいけど、適切なあいさつ文とは？

あいさつ文の挿入

上司に「送付状を作成しておいて」といわれて準備をしていたら、適切なあいさつ文がわからず困ったことはありませんか？そのようなときは、**「あいさつ文の挿入」**を使うと時候のあいさつを含めた文章を簡単に挿入できます。

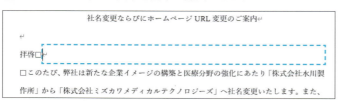

ためしてみよう

Sample-01

❶ 挿入する場所にカーソルを移動

❷《挿入》タブの《あいさつ文の挿入》をクリック

❸《あいさつ文の挿入》をクリック

❹《月のあいさつ》の▼をクリックし、一覧から選択

❺《月のあいさつ》の一覧から選択

❻《安否のあいさつ》の一覧から選択

❼《感謝のあいさつ》の一覧から選択

❽《OK》をクリック

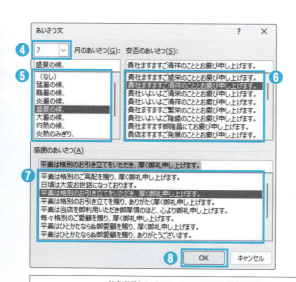

❾ あいさつ文が挿入される

02 文字を入力したら勝手に波線が！このままでも大丈夫？

Word スペルチェック

文字を入力すると、文字の下に赤の波線や青の二重線が表示されたことはありませんか？スペルミスの可能性がある文字には赤の波線、文法の誤りの可能性がある文字には青の二重線が表示されます。勝手に表示されたものだから…と思ってそのままにせず、処理を選択したりチェック内容を確認したりしましょう。

何かのチェックに引っかかったのかな…どんな意味があるんだろう？

ためしてみよう

Sample-02

❶ 赤の波線を右クリック

❷ スペルの候補の一覧から選択

❸ スペルが修正される

Point 文章校正

青の二重線が表示された場合は、文法に誤りがある可能性があります。二重線を右クリックすると、チェック内容を確認できます。

03 Word
文字の先頭が勝手に大文字に変わった！おせっかいな機能どうにかならないの？

オートコレクト

英字をすべて小文字で入力したいのに、勝手に先頭の文字が大文字に変わってしまい困ったことはありませんか？自動的に大文字に変換されないようにするには、**「オートコレクト」**で設定をオフにします。

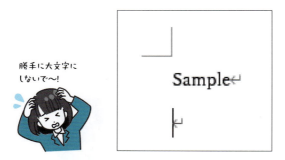

ためしてみよう

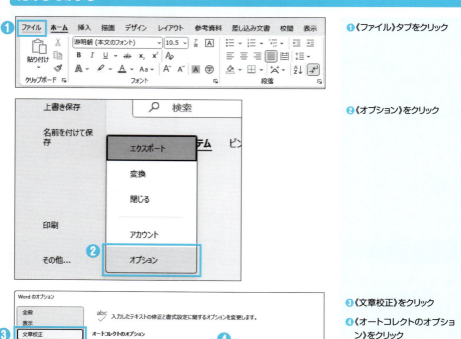

❶《ファイル》タブをクリック

❷《オプション》をクリック

❸《文章校正》をクリック

❹《オートコレクトのオプション》をクリック

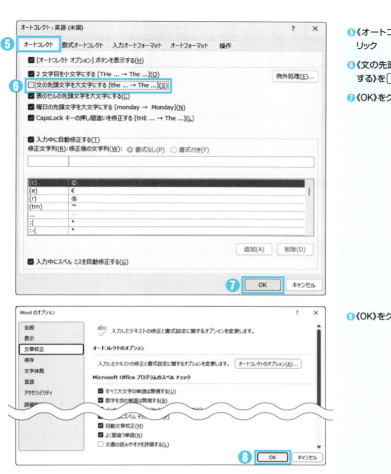

❺《オートコレクト》タブをクリック

❻《文の先頭文字を大文字にする》を□にする

❼《OK》をクリック

❽《OK》をクリック

❾英字を入力し、Enterを押す

❿すべて小文字のまま入力される

>>> Column <<< 変換された文字を個別に元に戻す

オートコレクトの設定を変更せずに、変換された文字を個別に元に戻したい場合は、文字をポイントすると表示される （オートコレクトのオプション）を使います。

◆文字をポイント→ （オートコレクトのオプション）→《元に戻す》

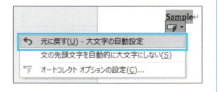

よく入力する専門用語や会社名を簡単に入力する方法はないの？

単語の登録

専門用語や会社名など、よく入力する単語なのに、文字数が多かったり、うまく変換できなかったりして毎回入力に手間取っていませんか？よく入力する単語は、短い読みで**「単語の登録」**をしておくと、すばやく入力ができて便利です。

会社名が長すぎて毎回入力するの大変だよ～

ためしてみよう

 Sample-04

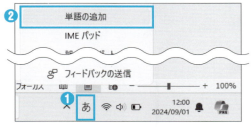

❶ タスクバーのアイコンを右クリック

❷ 《単語の追加》をクリック

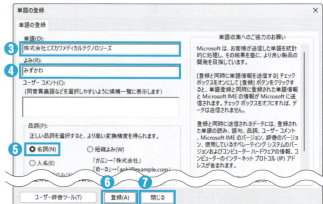

❸ 《単語》に登録する単語を入力

❹ 《よみ》に登録する単語の読みを入力

❺ 《名詞》を ⦿ にする

❻ 《登録》をクリック

❼ 《閉じる》をクリック

❽ 登録した読みを入力すると、予測候補の一覧に表示される

05 Word 読めない漢字はどうやって入力したらいいの？

IMEパッド

「楪（ゆずりは）」や「磴（いしばし）」など、漢字の読み方がわからないことはありませんか？漢字の読み方がわからないと入力できずに困りますよね。そのようなときは、「**IMEパッド**」を使うと漢字を手書きで検索して入力できます。

ためしてみよう　　Sample-05

❶ 挿入する場所にカーソルを移動

❷ タスクバーのアイコンを右クリック

❸《IMEパッド》をクリック

❹《手書き》をクリック

❺ 左側の枠の中にマウスを使って、読めない漢字を書く

❻ 入力する漢字をクリック

❼《閉じる》をクリック

❽ 漢字が入力される

11

文字だけコピーしたかったのに、書式までついてきちゃった！

貼り付けのオプション

文字だけをコピーしたかったのに、色やフォントサイズまで一緒に貼り付けられてしまい困ったことはありませんか？文字だけを貼り付けたいときは、貼り付けを実行した直後に表示される (Ctrl)（貼り付けのオプション）の「テキストのみ保持」を使います。

いらない書式まで貼り付けられちゃった！

ためしてみよう

Sample-06

❶ 文字をコピー
❷ 文字を貼り付ける
❸《貼り付けのオプション》をクリック

❹《テキストのみ保持》をクリック

❺ 文字だけが貼り付けられる

Point 貼り付けのオプション

貼り付けのオプションには、次のようなものがあります。用途によって、貼り付け方法を選択しましょう。

ボタン	ボタン名	説明
	元の書式を保持	設定した書式のまま、貼り付ける
	書式を結合	太字・斜体・下線は元の書式のままで、それ以外は貼り付け先の書式に合わせて貼り付ける
	図	設定した書式のまま、図として貼り付ける
	テキストのみ保持	設定した書式を削除し、文字だけを貼り付ける

ボタンをポイントすると、どのように貼り付けられるか画面で確認できるよ

07 2つ前にコピーしたデータを また貼り付けたい！

Word ／ クリップボード

2つ前にコピーした文字をもう一度貼り付けたいと思ったことはありませんか？**「クリップボード」**を使うと、コピーや切り取りをしたデータを最大24個まで記憶させることができます。「クリップボード作業ウィンドウ」から選択するだけで、データを貼り付けることができます。

ためしてみよう

Sample-07

❶《ホーム》タブの《クリップボード》をクリック

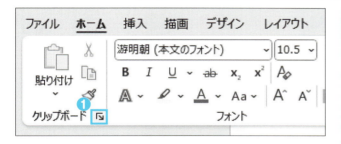

❷データを2つ以上コピー
❸貼り付ける場所にカーソルを移動
❹貼り付けるデータをクリック

クリップボード作業ウィンドウ

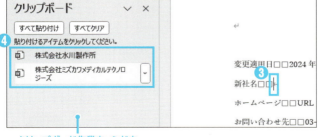

❺データが貼り付けられる

空白を入れて文字を中央に配置するのって、あり？

Word / 中央揃え

行内の文字を中央に配置したいとき、空白を入れて位置を調整していませんか？空白を入れて文字の位置を調整すると、文字を修正したときに位置がずれてしまいます。≡（中央揃え）のボタンを使うと、文字を修正したときも配置が自動的に調整されます。

文字を修正したら、せっかく調整した位置がずれちゃった！

ためしてみよう

Sample-08

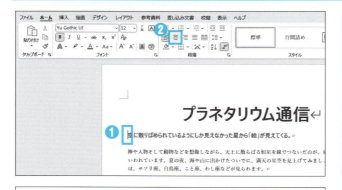

❶ 行にカーソルを移動
❷ ホームタブの《中央揃え》をクリック

❸ 文字が中央揃えになる

文字の配置は段落単位で設定されるよ

09 Word
中止になった開催日時は、どうやったら相手に伝わりやすいかな？

取り消し線

イベントの日程が変更になった場合など、今まで予定していた日程を「9月1日」のように見せたい場合はありませんか？新しい日程を伝えるときに、変更前の日程に**「取り消し線」**を付けて一緒に見せることで、変更箇所が伝わりやすくなります。

ためしてみよう　　　Sample-09

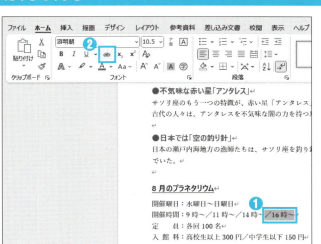

❶ 文字を選択

❷《ホーム》タブの《取り消し線》をクリック

❸ 文字に取り消し線が引かれる

10 Word 行頭に番号を付けてわかりやすくしたい！

段落番号

行頭に「1.2.3.」や「①②③」などの連番を付けたいと思ったことはありませんか？
そのようなときは、**「段落番号」** を使うと簡単に番号を付けることができます。

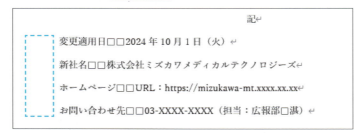

ためしてみよう

Sample-10

❶ 段落を選択

❷《ホーム》タブの《段落番号》の▼をクリック

❸ 一覧から選択

❹ 段落番号が設定される

💡 Point 箇条書きの設定

「箇条書き」を使うと、段落の先頭に「●」や「◆」などの記号を付けることができます。
◆ 段落を選択→《ホーム》タブ→《段落》グループの ▥▾ (箇条書き) の ▾

16

11 400文字でまとめてっていわれたけど、文字数は全部数えるしかない？

Word | 文字カウント

報告書や案内文などを作成するときに400文字以内など文字数の指定があり、入力中の文字がどれくらいか確認したいと思ったことはありませんか？そのようなときは、**「文字カウント」**を使うと簡単に入力中の文字数を確認できます。

ためしてみよう　　Sample-11

❶ 文字を選択

❷《校閲》タブの《文字カウント》をクリック

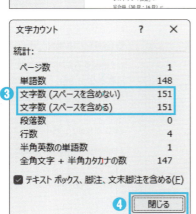

❸ 文字数が表示される

❹《閉じる》をクリック

17

12 文書内の単語を修正したけど、修正漏れがないか不安！

Word 　置換

文書内に複数ある同じ単語を修正するとき、修正漏れがないか不安になったことはありませんか？そのようなときは、**「置換」**を使うと特定の単語を簡単に修正でき、修正漏れを防ぐことができます。

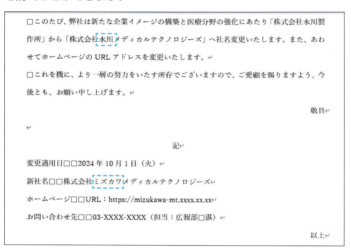

ためしてみよう

Sample-12

❶ 文頭にカーソルを移動

❷《ホーム》タブの《編集》をクリック

❸《置換》をクリック

❹《置換》タブを選択

❺《検索する文字列》に文字を入力

❻《置換後の文字列》に文字を入力

❼《次を検索》をクリック

❽ 1件目の検索結果が選択される

❾《置換》をクリック

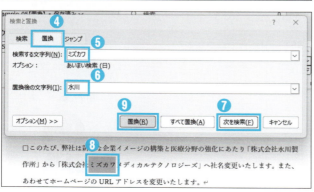

18

⑩ 文字が置換され、2件目の検索結果が選択される

⑪《置換》をクリック

⑫ 文字が置換される

⑬《OK》をクリック

⑭《閉じる》をクリック

1つずつ確認しながら置換できるんだね!

💡 Point　すべて置換

文書内の該当する単語をすべてまとめて置換する場合は、《検索と置換》ダイアログボックスの《すべて置換》をクリックします。

19

13 Word 表の列が足りなかった！作り直すしかないの？

[列の挿入]

作成した表にデータを入力していると、途中で列が足りなくなってしまい、表を作り直したことはありませんか？列の間の ⊕ をクリックするだけで簡単に列を追加できます。

支店名	スイーツ	精肉	海鮮	佃煮	飲料	合計
新宿店	2,154	1,740	630	350	1,200	6,074
上野店	1,023	1,420	670	380	890	4,383
横浜店	1,609	1,530	560	550	1,000	5,249
梅田店	1,003	1,810	1,200	270	1,680	5,963

ここに列が欲しいな…でも、表を作り直すのはめんどくさいよ～

ためしてみよう　　　Sample-13

支店名	スイーツ	精肉	海鮮	❶❷	佃煮	飲料	合計
新宿店	2,154	1,740	630		350	1,200	6,074
上野店	1,023	1,420	670		380	890	4,383
横浜店	1,609	1,530	560		550	1,000	5,249
梅田店	1,003	1,810	1,200		270	1,680	5,963

❶ 挿入する位置の罫線の上側をポイント

❷ をクリック

支店名	スイーツ	精肉	海鮮	❸	佃煮	飲料	合計
新宿店	2,154	1,740	630		350	1,200	6,074
上野店	1,023	1,420	670		380	890	4,383
横浜店	1,609	1,530	560		550	1,000	5,249
梅田店	1,003	1,810	1,200		270	1,680	5,963

❸ 列が追加される

行の挿入は挿入する位置の罫線の左側をポイントすると ⊕ が表示されるよ

💡 Point　表の一番左に列を挿入する

表の一番左に列を挿入しようと、罫線の上側をポイントしても ⊕ は表示されません。一番左に列を挿入する場合は、表の1列目にカーソルを移動し、《レイアウト》タブ→《行と列》グループの [左に列を挿入]（左に列を挿入）を使います。

14 表全体のサイズをバランスよく変更したい！

Word

表のサイズ変更

表全体のサイズをバランスよく変更したいときはありませんか？そのようなときは、表の右下にある □ をドラッグすると表全体のサイズを簡単に変更できます。

なんだか表が小さい…
ちょうどいいサイズに
変更できないかな

ためしてみよう

Sample-14

❶ 表内をポイント

❷ 表の右下の □ をポイントし、マウスポインターの形が に変わったらドラッグ

❸ 表のサイズが変更される

15 Word 表の行の高さが バラバラになってしまった！

高さを揃える

表を作成しているときに、行の高さがバラバラになってしまい、そろえたいと思ったことはありませんか？そのようなときは、**「高さを揃える」**を使って複数の行の高さを均等にします。

行の高さがバラバラでイマイチ…

ためしてみよう

Sample-15

❶ 行を選択

❷《レイアウト》タブの《高さを揃える》をクリック

❸ 行の高さが変更される

Point 幅を揃える

◆ 列を選択→《レイアウト》タブ→《セルのサイズ》グループの [幅を揃える]（幅を揃える）

16 表全体の配置を変更したいのに、文字の配置が変わっちゃった！

Word 　表の配置

文書内での表の配置を変更したいのに、表内の文字の配置が変更されて困ったことはありませんか？そのようなときは、表全体を選択してから表の配置を変更します。表全体を選択するには、⊞ をクリックします。

表内の文字が中央揃えになっちゃった！
表全体を配置を変更したかったのに…

ためしてみよう
Sample-16

❶ 表内をポイント

❷ 表の左上の ⊞ をクリック

❸ 《ホーム》タブの《段落》グループの配置のボタンをクリック

❹ 表全体の配置が変更される

17 | セル内の上に寄っている文字を バランスよく配置したい！

Word 　表のセル内の配置

表のセル内の文字が上に寄っていてバランスが悪いと感じたことはありませんか？初期の設定では、セル内の文字の配置は左上になっています。《レイアウト》タブにある（中央揃え）などのボタンを使うと簡単に配置を変更できます。

ためしてみよう

Sample-17

❶ セルを選択

❷《レイアウト》タブの《配置》グループの配置のボタンをクリック

❸ セル内の文字の配置が変更される

24

Point 文字の配置

表のセル内の文字の配置は、次のように位置を調整できます。

18 記入場所を間違えないように、表のセルに斜め線を引きたい！

Word ｜ 表の罫線

表を作成したときに、使用しないセルに対して斜線を引きたいと思ったことはありませんか？そのようなときは、「**罫線**」を使うと簡単に表内のセルに斜線を引くことができます。

このままだと入力を忘れたみたいに見えるかも…

ためしてみよう　　　　　　　　　　　　　　　Sample-18

❶ セル内にカーソルを移動

❷《テーブルデザイン》タブの《罫線》の▼をクリック

❸《斜め罫線（右下がり）》／《斜め罫線（右上がり）》をクリック

❹ 罫線が引かれる

26

19 表を削除したいのに、中の文字が削除されちゃった！

Word | 表の削除

表を削除したいのに、表内の文字しか削除されず罫線が残ってしまったことはありませんか？表全体を選択して Delete を押すと表内の文字だけが削除されますが、BackSpace を押すと表を削除できます。

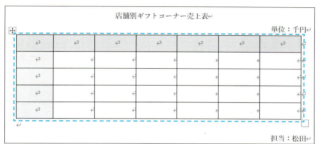

ためしてみよう

Sample-19

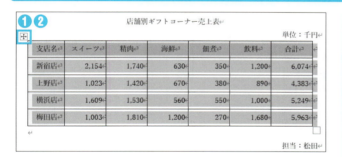

❶ 表内をポイント
❷ 表の左上の をクリック
❸ BackSpace を押す

❹ 表が削除される

💡 Point 行・列の削除

◆削除する行／列を選択 → BackSpace

27

20 Word | 画像を挿入したら文字の配置が変になってしまった！

文字列の折り返し

画像を挿入したとき、文字の折り返しが変になってしまい困ったことはありませんか？そのようなときは、画像に**「文字列の折り返し」**を設定します。文字列の折り返しには様々な種類があるので、作成中の文書に合わせて選択しましょう。

画像の周りに文字を配置したかったのに…どうして〜！

ためしてみよう

Sample-20

❶ 画像を選択

❷《レイアウトオプション》をクリック

❸ 一覧から選択

❹《閉じる》をクリック

❺ 文字列の折り返しが設定される

💡 Point 文字列の折り返し

文字列の折り返しには次のようなものがあります。

(行内)

文字と同じ扱いで画像が挿入されます。
1行の中に文字と画像が配置されます。

(四角形)　　　　(狭く)　　　　(内部)

文字が画像の周囲に周り込んで配置されます。

(上下)

文字が行単位で画像を避けて配置されます。

(背面)　　　　(前面)

文字と画像が重なって配置されます。

21 Word | あとで確認することをメモに残しておきたい
コメント

自分が文書を作成しているときに、あとで確認したいことをメモしておいたり、ほかの人が作成した文書に対して、気になった点を書き込んだりしたいことはありませんか？メモしたい内容を作成中の文書内に書き込むのはためらわれますよね。そのようなときは、**「コメント」**を使います。

メモを残したいけど、文書内に書き込むのは嫌だな…

ためしてみよう

Sample-21

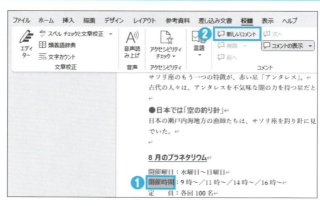

❶ コメントを挿入する場所を選択

❷《校閲》タブの《コメントの挿入》をクリック

❸ コメントを入力

❹《コメントを投稿する》をクリック

❺コメントが挿入される

Point コメントの削除

挿入されたコメントは削除できます。
◆コメントをクリック→《校閲》タブ→《コメント》グループの （コメントの削除）

>>> Column <<< コメントに返信を投稿する

挿入されているコメントに対して、コメントをしたいことがあるかもしれません。そのようなときは、コメントウィンドウの「返信」に入力します。

❶《返信》に入力

❷ ▷（返信を投稿する）をクリック

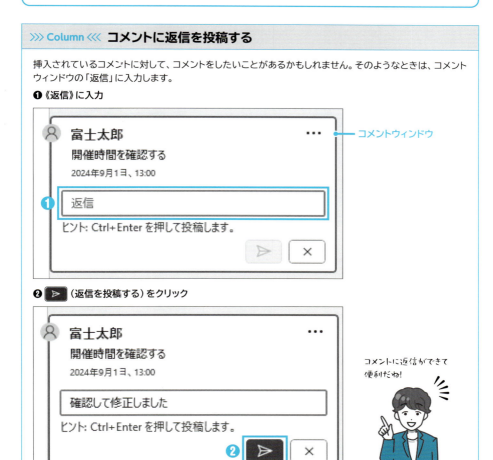

22 Word
文書を直接修正しても大丈夫かな？ どこを修正したかわかるようにしたい！

変更履歴の記録

ほかの人が作成した文書を修正するときなどに、修正箇所がわかるようにしておきたいと思うことはありませんか？そのようなときは、**「変更履歴の記録」**を使うと、修正した内容を残すことができ、どこを修正したのか一目で確認できます。修正が終わったら、変更履歴の記録を終了しておきます。

ためしてみよう

Sample-22

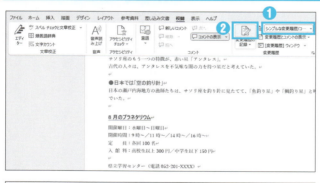

❶《校閲》タブの《変更内容の表示》が《シンプルな変更履歴/コメント》になっていることを確認

❷《変更履歴の記録》をクリック
※ボタンが濃い灰色に変わります。

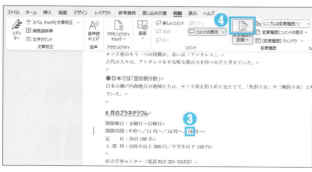

❸ 文書を変更する

❹《変更履歴の記録》をクリック
※ボタンが標準の色に戻ります。

32

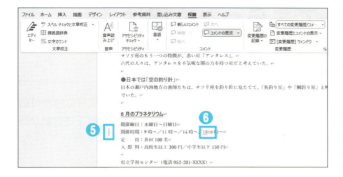

⑤ 変更した行の左端の赤色の線をクリック

⑥ 変更内容が表示される

※《変更内容の表示》が《すべての変更履歴/コメント》になります。

⑦ 変更箇所をポイント

⑧ 誰が、いつ、どのように変更したか表示される

23 Word 添削してもらった文書は、このあとどうしたらいい？

変更履歴の反映

文書を添削してもらったら、行の左端に赤色の線が表示されていたり、文字に色が付いていたりしたことはありませんか？これは、「変更履歴の記録」を使って修正されたからです。修正された内容を確認して、反映したり、元に戻したりします。

変更履歴を付けて返してもらったけど、このあとどうすればいいの？

ためしてみよう
Sample-23

❶ 変更内容が表示されていることを確認
※変更内容が非表示になっている場合は、変更された行の左端の赤色の線をクリックします。

❷ 文頭にカーソルを移動

❸ 《校閲》タブの《次の変更箇所》をクリック

変更を反映する場合
❹ 《承諾して次へ進む》をクリック

変更を元に戻す場合
❹ 《元に戻して次へ進む》をクリック

❺ 最後の変更内容まで確認

❻ 《OK》をクリック

❼ 変更内容が反映される

34

24 Word 用紙を横向きにするにはどうしたらいいの？

> ページの向きを変更

横向きの用紙で文書を作成したいけど、やり方がわからず困ったことはありませんか？
「ページの向きを変更」 を使うと、簡単に用紙の向きを変更できます。

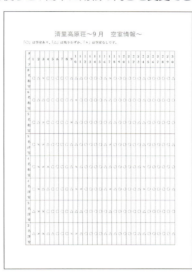

用紙を横向きにできたらいいのに〜

ためしてみよう

Sample-24

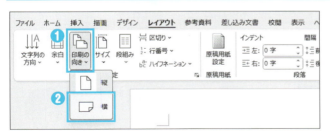

❶《レイアウト》タブの《ページの向きを変更》をクリック

❷《横》をクリック

❸用紙の向きが横に変更される

25 Word
せっかく作った文書を、保存しないで閉じてしまった！
文書の自動回復

作成した文書を保存していないのに、うっかり閉じてしまい困ったことはありませんか？そのようなときは、落ち着いて「自動回復用データ」を確認してみましょう。作成中の文書は、設定されている間隔で自動的にパソコン内に保存されるので復元できることがあります。

ためしてみよう

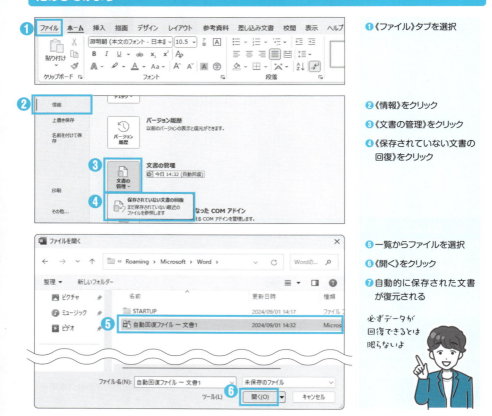

❶《ファイル》タブを選択

❷《情報》をクリック

❸《文書の管理》をクリック

❹《保存されていない文書の回復》をクリック

❺一覧からファイルを選択

❻《開く》をクリック

❼自動的に保存された文書が復元される

必ずデータが回復できるとは限らないよ

💡 Point　自動回復用データの保存

自動回復用データは設定した間隔で保存されます。初期の設定では、「10分ごと」に設定されていますが、任意の時間に変更できます。
◆《ファイル》タブ→《オプション》→《保存》→《☑次の間隔で自動回復用データを保存する》→時間を入力

26 セル内の一部の文字だけ修正したいけど、全部入力しなおすしかないの？

[編集モード]

セル内の文字を修正するとき、すべて入力しなおしていませんか？そのようなときは、F2 を押してセルを「**編集モード**」にすると、セル内の一部の文字だけ修正できるようになります。

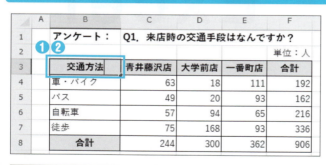

修正する文字を入力…
あれ？ほかの文字が消えちゃった！

ためしてみよう

Sample-26

❶ セルを選択

❷ F2 を押して、カーソルを表示

❸ 文字を修正

❹ Enter を押す

Enter を押してセルの確定を忘れないようにね

27 セル内の一部の文字しか表示されなくなったのは、どうしたらいい？

Excel 　列幅の自動調整

セルの幅より入力した文字が長くても表示されていたのに、隣のセルに入力したら文字の一部が見えなくなってしまったことはありませんか？そのようなときは、**「列幅の自動調整」**を使って最適な列幅に調整すると、セル内の文字が見えるようになります。

ためしてみよう　　　　　　　　　　　　　　Sample-27

❶ 列幅を調整する列の右側の境界線をポイントし、マウスポインターの形が に変わったらダブルクリック

❷ 最適な列幅に調整される

>>> Column <<< 列幅の自動調整の基準になるセルを指定する

ダブルクリックで列幅を自動調整すると、その列の中で一番長いデータに合わせて調整されます。でも、それでは困ることもあります。例えば、ここで使っている表のC列を自動調整するとセル【C1】を基準に自動調整されるので、C列の幅がとても広くなり表の体裁が悪くなります。このようなときは、自動調整の基準になるセルを指定して調整します。

◆ 自動調整の基準になるセルを選択→《ホーム》タブ→ 書式 （書式）→《列の幅の自動調整》

このセルを基準に列幅を自動調整

28 セル内の文字を自由な位置で改行できないの？

強制改行

セル内の文字が、思った位置で折り返されず困ったことはありませんか？そのようなときは、改行したい位置で Alt + Enter を押します。

Enter を押したら下のセルにいっちゃった〜

ためしてみよう

Sample-28

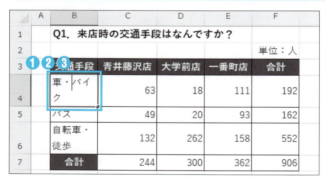

❶ セルを選択
❷ F2 を押して、カーソルを表示
❸ 改行する位置にカーソルを移動

❹ Alt + Enter を押す
❺ 改行される
❻ Enter を押す

29 Excel 「#####」と表示されてしまった！これってエラーなの？

列幅の調整

気が付いたらセルの表示が「#####」になっていたということはありませんか？これは、セル内の数値の桁数が列に収まらない場合に表示されるエラーです。そのようなときは、列幅を広げます。

エ、エラー？
ガーン…

ためしてみよう

Sample-29

❶ 列幅を調整する列の右側の境界線をポイントし、マウスポインターの形が ↔ に変わったら、右方向にドラッグ

❷ セルの内容が表示される

Point 「#####」の表示

文字は、セルの幅より長く入力しても隣のセルが空白ならはみ出して表示されますが、数値や日付などの数値データは、はみ出さずに「#####」のように表示されます。

列幅を広げたくなかったら、フォントサイズを小さくしてもいいね

「001」と表示したいのに「1」としか表示されない

ユーザー定義の表示形式

「1」～「100」までの連番を「001」～「100」のように、3桁にそろえて表示したいと思ったことはありませんか？そのようなときは、**「ユーザー定義の表示形式」**を設定します。

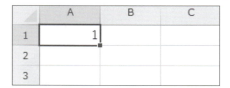

「001」って入力したはずなのに、どうして？

ためしてみよう

Sample-30

❶ セル範囲を選択
❷ 選択範囲内で右クリック
❸《セルの書式設定》をクリック

100行ドラッグ大変～

最初のセルをクリックして、Shiftを押しながら最後のセルをクリックすると簡単だよ

❹《表示形式》タブを選択

❺《ユーザー定義》をクリック

❻《種類》に「000」と入力

❼《OK》をクリック

桁数を増やしたいときは、「0」の数を増やせばいいんだね!

❽表示形式が設定される

31 Excel 桁数の多い数値を入力したら変な表示になった！普通の数値で表示できないの？

数値の表示形式

桁数の多い数値を入力したら、「1.2E+11」のように表示されたことはありませんか？そのようなときは、**「数値の表示形式」**に変更します。

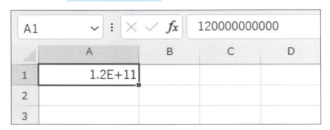

ためしてみよう

Sample-31

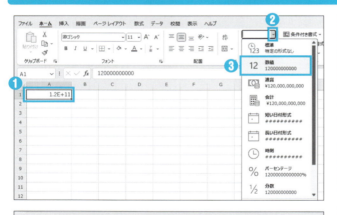

❶ セルを選択

❷《ホーム》タブの《数値の書式》の▼をクリック

❸《数値》をクリック

❹ 表示形式が変更される

>>> Column <<< 「1.2E+11」の意味

Excelでは12桁以上の数値を入力すると指数表記で表示されます。「10^2」という書き方なら見たことがありませんか？この小さい2が指数です。10を2回掛けるということですね。「1.2E+11」は「$1.2×10^{11}$」という意味です。

44

32 Excel
データに単位「人」を付けたら計算されない！
ユーザー定義の表示形式

単位を付けて数値を入力したら計算されなかったことはありませんか？そのようなときは、単位は直接入力しないで、**「ユーザー定義の表示形式」**を使って単位を設定すると計算されます。

単位が付いている表を見たことがあるのに…
どうして合計が「0」のままなの？

ためしてみよう
Sample-32

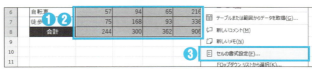

❶ セル範囲を選択
❷ 選択範囲内で右クリック
❸ 《セルの書式設定》をクリック

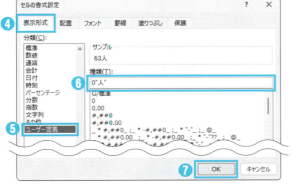

❹ 《表示形式》タブを選択
❺ 《ユーザー定義》をクリック
❻ 《種類》に「0"人"」と入力
❼ 《OK》をクリック

❽ 表示形式が設定される

計算されたね

「9-1」と表示したいのに「9月1日」と表示された!

文字列の表示形式

「9-1」と表示したいのに、入力後 Enter を押したら「9月1日」と表示されてしまったことはありませんか?そのようなときは、先に**「文字列の表示形式」**を設定してから入力します。

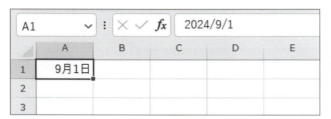

入力したいのは日付じゃないのに〜!

ためしてみよう

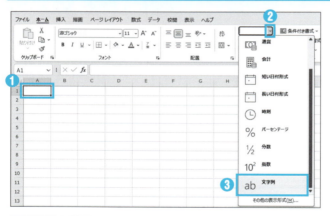

❶ セルを選択

❷《ホーム》タブの《数値の書式》の▼をクリック

❸《文字列》をクリック

❹ 入力する

入力したとおりに表示された!

>>> Column <<< (1)と表示したい

数字を()(括弧)で囲んで入力すると「-1」と表示されます。これは、()で囲まれた文字は負の数という決まりがExcelにあるからです。(1)(2)のように表示したいときは、同様に文字列として入力します。

46

34 Excel ドラッグで連番を入力しようとしたら、全部「1」になってしまった！

オートフィルオプション

便利なExcelのオートフィル機能ですが、「1」から連番を入力しようと思ったら、全部「1」が入力されてしまったことはありませんか？そのようなときは、**「オートフィルオプション」**を使います。

全部「1」になっちゃった！

ためしてみよう

Sample-34

❶ セルを選択

❷ セル右下の■（フィルハンドル）をドラッグ

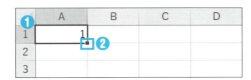

❸《オートフィルオプション》をクリック

❹《連続データ》をクリック

❺ 連番が作成される

💡Point　オートフィル

「オートフィル」は、セル右下の■（フィルハンドル）をドラッグするだけで「4月、5月…」や「E-001、E-002…」のような連続データを入力したり、同じ形式の数式をドラッグに合わせて参照先を変更しながらコピーしたりできる機能です。

47

35 数式をコピーしても正しく計算されない！

Excel

絶対参照

数式をコピーするだけで簡単に入力できるのがExcelですよね。でも、いざコピーしてみたら、エラーになってしまったことはありませんか？そのようなときは、参照するセルの位置を「**絶対参照**」で固定する必要があったのかもしれません。絶対参照はF4で設定します。

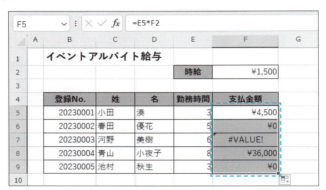

数式はコピーすればいいんじゃないの？

ためしてみよう

 Sample-35

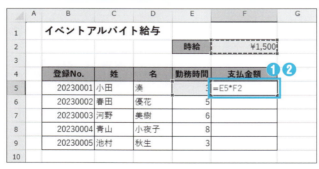

❶ セルを選択

❷ 数式を入力

❸ F4 を押す

❹ 数式内のセルに「$」が付き、セルの参照が固定される

❺ Enter を押す

❻ 数式を入力したセルを選択

❼ セル右下の■（フィルハンドル）をダブルクリック

❽ 数式がコピーされる

Point　絶対参照

「絶対参照」は、特定の位置にあるセルを必ず参照する形式です。セルを絶対参照にするには、「$」を付けます。「$」は、キーボードから入力することもできますが、セルを選択したあとに F4 を押すと簡単に入力できます。F4 を連続して押すと、「I2」（列行ともに固定）、「I$2」（行だけ固定）、「$I2」（列だけ固定）、「I2」（固定しない）の順番で切り替わります。

Point　主な演算記号

演算記号	計算
＋	たし算
－	ひき算
＊	かけ算
／	わり算

学校で習った記号とは少し違うよ

49

36 Excel
入力を誰かに依頼したいけど、間違えて表の数式を変えられないか心配

セルのロックの解除　シートの保護

ほかの人に入力を頼んだら、せっかく作成した表の数式が消えて戻ってきてしまったことはありませんか？依頼する前に**「セルのロックの解除」**と**「シートの保護」**を設定して、入力してもらうセル以外は編集できないようにしておくと安心です。

ためしてみよう

Sample-36

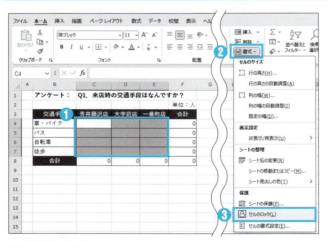

❶ 入力を許可するセル範囲を選択

❷《ホーム》タブの《書式》をクリック

❸《セルのロック》をクリックして、ロックを解除
※《セルのロック》の左のアイコンの枠が非表示になります。

❹《校閲》タブの《シートの保護》をクリック

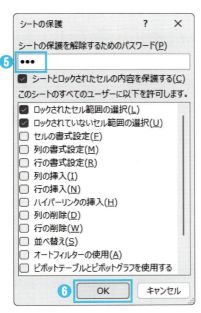

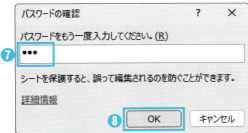

❻ パスワードを入力

❻《OK》をクリック

パスワードの設定は省略もできるよ

❼ 同じパスワードを入力

❽《OK》をクリック

❾ セルのロックを解除した範囲だけしか入力できなくなる

> **Point　シート保護の解除**
>
> ◆《校閲》タブ→《保護》グループの （シート保護の解除）→パスワードを入力→《OK》

> **Point　セルをロック**
>
> シートの保護を解除しても、解除したセルのロックは戻りません。セルを再度ロックするときは、セル範囲を選択→《ホーム》タブ→《セル》グループの（書式）→《セルのロック》をクリックします。《セルのロック》の左のアイコンに枠が表示されます。

> **>>> Column <<<　パスワード**
>
> サイトやアプリのログインなど、パスワードを使うシーンはたくさんありますね。多くのパスワードの決まりと同様に、Excelでも大文字や小文字が区別されるので気を付けてください。

入力ミスや表記ゆれを防ぎたい！

データの入力規則

商品名を間違えていたり、半角や全角がゆれていたり、複数人で入力したあとのデータの確認が大変だったことはありませんか？そのようなときは、**「データの入力規則」**を設定し、リストから選択するだけで入力できるようにしておくと効率的です。

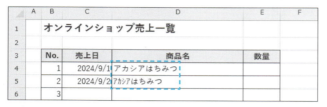

ためしてみよう

Sample-37

❶ セル範囲を選択

❷《データ》タブの《データの入力規則》をクリック

❸《設定》タブを選択

❹《入力値の種類》の▼をクリックし、一覧から《リスト》を選択

❺《元の値》をクリックして、カーソルを表示

❻ リストのセル範囲を選択

❼《元の値》にリストのセル範囲が表示される

❽《OK》をクリック

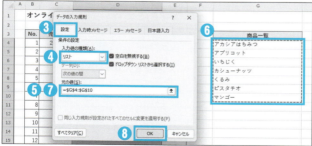

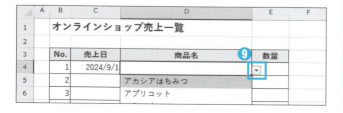

❾ データの入力規則が設定され、リストを表示するボタンが表示される

38 Excel 1つのセルの内容を2列に分けたい

フラッシュフィル

入力済みのセルのデータを2列に分けたいと思ったことはありませんか？そのようなときは、「フラッシュフィル」を使います。

ためしてみよう

Sample-38

❶ セルに取り出したい形式で入力

❷《データ》タブの《フラッシュフィル》をクリック

❸ セルにデータが入力される

❹ 同様に、《フラッシュフィル》をクリックして、データを入力

Point フラッシュフィル

「フラッシュフィル」は、入力済みのデータをもとに入力パターンを読み取り、入力パターンに合わせてセルにデータを自動で埋め込む機能です。データの加工などに使うと入力の手間を省けます。

39 表のデータを増やしたのに計算結果が変わらない

Excel　数式のデータ範囲の修正

数式を入力したあとで、データが増えることもありますよね。データを増やしたけど、数式の計算結果が変わらず困ったことはありませんか？そのようなときは、数式のデータ範囲を修正します。

あれ？データを増やしたのに、取引回数に反映されてない…

ためしてみよう

Sample-39

❶ セルを選択

❷ F2 を押す

❸ 数式のデータ範囲が色枠で表示される

❹ 色枠の右下の■（ハンドル）をポイントし、マウスポインターの形が↖に変わったら追加するデータ範囲を含むようにドラッグ

❺ 数式のデータ範囲が修正される

❻ Enter を押す

❼ 正しい計算結果が表示される

40 Excel | 画面をスクロールすると見出しが見えなくなる！

ウィンドウ枠の固定

パソコンの1画面に収まらない表を下へスクロールすると見出しが見えなくなって、上へ下へと行ったり来たり…なんてことはありませんか？そのようなときは、「**ウィンドウ枠の固定**」を使います。

見出しが見えないと、何のデータかわからないよ～

ためしてみよう

Sample-40

1. 固定する行を表示
2. 固定する行の下の行番号を選択
3. 《表示》タブの《ウィンドウ枠の固定》をクリック
4. 《ウィンドウ枠の固定》をクリック
5. 行が固定される

> **Point　ウィンドウ枠の固定の解除**
>
> ◆《表示》タブ→《ウィンドウ》グループの （ウィンドウ枠の固定）→《ウィンドウ枠固定の解除》

> **Column　ウィンドウ枠の固定の注意**
>
> ウィンドウ枠の固定を設定すると現在の表示のまま固定されます。例えば、2行目から表示している状態で3行目を固定すると、1行目を見ることができなくなります。

41 同じ形式の表に入力したいけど、また表を作るしかないの？

Excel／シートのコピー

毎月の売上表など、同じ表を使って、違うデータを入力することはありませんか？そのようなときは、シートをコピーしてから入力すると、表を作り直す必要がありません。

ためしてみよう

 Sample-41

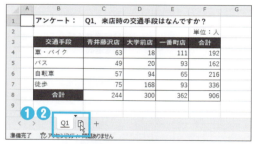

❶ [Ctrl]を押しながら、コピーするシート見出しをドラッグ

❷ マウスポインターの形が に変わったら、マウスから手を離す

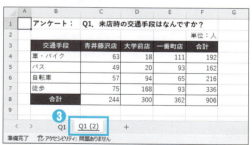

❸ シートがコピーされる

シートがコピーできた！シート名に(2)が付くんだね

Point　シートの削除

◆ シート見出しを右クリック→《削除》

Column　シート名の変更

シート名を変更するときは、シート見出しをダブルクリックして入力し、[Enter]を押して確定します。

42 Excel 複数のExcelのファイルを1つにまとめたい

シートのコピー

ほかの人たちが別々に作った複数のExcelのファイルを、1つのファイルに集約したいことはありませんか？そのようなときは、**「シートのコピー」**を使います。

ためしてみよう

Sample-42

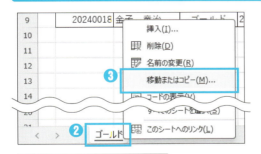

❶ 1つにまとめるブックをすべて開く
※ブック「ゴールド会員」、「プレミア会員」を開いておきましょう。

❷ コピーするシートのシート見出しを右クリック

❸ 《移動またはコピー》をクリック

❹ 《移動先ブック名》の▼をクリックし、コピー先のブック名を選択

❺ 《挿入先》をクリック

❻ 《コピーを作成する》を☑にする

❼ 《OK》をクリック

❽ シートがコピーされる

❾ 同様に、必要なシートをコピーする

57

43 Excel 大きな表のデータの選択が難しい！

セル範囲の選択

大きな表のデータをドラッグしながら選択している途中で、マウスから手が離れてしまって選択しなおした経験はありませんか？そのようなときは、キーボードを使うと簡単にセル範囲を選択できます。

ためしてみよう

Sample-43

❶ 表の左上のセルを選択

❷ Ctrl + Shift + End を押す

❸ 表全体が選択される

>>> Column <<< 表全体が選択されない！？

Ctrl + Shift + End で表全体が選択されなかった場合は、キーボードの End を確認してみましょう。もし、ほかの文字や記号が書かれていたら Fn も一緒に押して試してみてください。

44 Excel

この列、削除はしたくないけど今はちょっとじゃま

列の非表示

列の削除はしたくないけど、一時的に非表示にしたいと思ったことはありませんか？
入力したデータは残した状態で、列を非表示にしたり、再表示したりできます。

ためしてみよう

Sample-44

❶ 非表示にする列番号を右クリック

❷《非表示》をクリック

❸ 列が非表示になる

💡 Point　列の再表示

◆ 非表示にした列の左右の列を選択→選択範囲内で右クリック→《再表示》

表内の文字を枠から ちょっとだけ離したい！

インデント

セル内の文字を枠線から少しだけ離したい、でも、中央揃えだと文字の先頭がでこぼこになって嫌だなということはありませんか？そのようなときは、**「インデント」**を設定します。

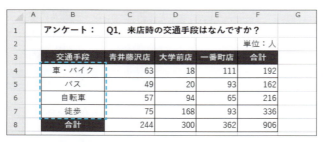

中央揃えにすると文字の先頭がそろわないのが嫌だな…

ためしてみよう

Sample-45

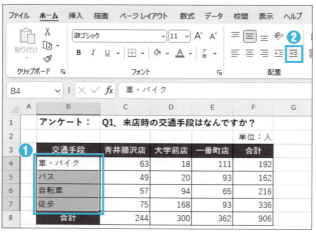

❶ セル範囲を選択

❷《ホーム》タブの《インデントを増やす》をクリック

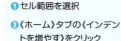

❸ インデントが設定される

クリックするたびにどんどん離れるんだね！

Point インデントの解除

◆《ホーム》タブ→《配置》グループの ⧈ （インデントを減らす）

>>> Column <<< 右側からのインデント

文字をセルの右側を基準にしてそろえたいこともありますね。そのようなときは、《セルの書式設定》ダイアログボックスを使います。

◆ セル範囲を選択→選択範囲内で右クリック→《セルの書式設定》→《配置》タブ→《横位置》の ⧈ →《右詰め（インデント）》→《インデント》を設定

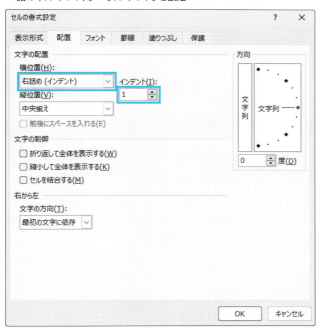

ファイルを開くたびに表示される場所が違って不便

アクティブセルの位置の保存

複数の人が利用しているExcelのファイルを使うときに、開くたびに表示される場所が違って作業を始めにくいことはありませんか？ファイルを保存すると、アクティブセルの位置も保存されます。複数の人が利用するファイルでは、セル【A1】をアクティブセルにして保存すると、利用する人のストレスが減るかもしれません。

ためしてみよう

Sample-46

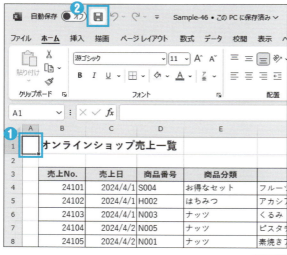

❶ セル【A1】を選択

❷《上書き保存》をクリック

❸《閉じる》をクリック

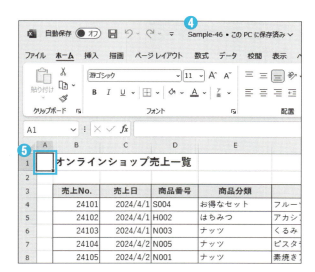

❹ ブック「Sample-46」を開く

❺ セル【A1】がアクティブセルになっていることを確認

💡 Point　アクティブシートとアクティブセルの保存

操作の対象になっているシートを「アクティブシート」、セルを「アクティブセル」といいます。ブックの保存時には、アクティブシートとアクティブセルの位置が保存されます。

≫ Column ≪　セル【A1】で保存が一番いいの？

セル【A1】をアクティブセルにして保存しておくと、いつでも作業がしやすくなるのでしょうか？いえいえ、必ずしもそうとは限りません。1人でデータを毎日入力するようなときなどは、次に入力を始める位置をアクティブセルにして保存します。ファイルを開いたらすぐに入力を開始できるのでとても便利ですよ。

アクティブセルを保存する位置は、使い分けてみてね

複数の条件でデータを並べ替えたい

並べ替え

表のデータを「商品番号の昇順」で「売上金額の高い順」などのように、複数の条件で並べ替えたいときはありませんか？そのようなときは、「**並べ替え**」を使います。

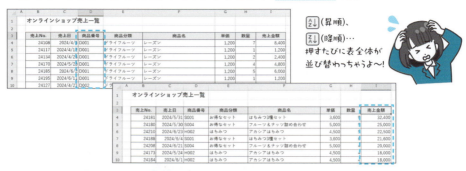

ためしてみよう

Sample-47

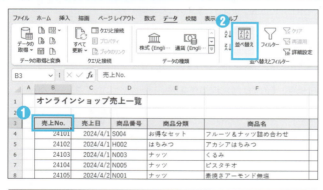

❶ 表内のセルを選択

❷《データ》タブの《並べ替え》をクリック

❸《最優先されるキー》の《列》の▼をクリックし、一覧から基準になる見出しを選択

❹《並べ替えのキー》の▼をクリックし、一覧から並べ替えの対象を選択

❺《順序》の▼をクリックし、一覧から並べ替え方法を選択

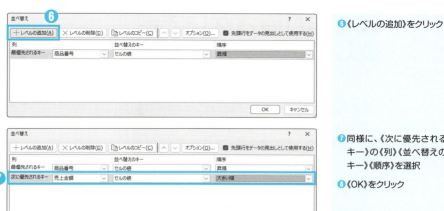

❻《レベルの追加》をクリック

❼同様に、《次に優先されるキー》の《列》《並べ替えのキー》《順序》を選択

❽《OK》をクリック

❾1番目のキーで並び替わり、1番目のキーが同じ場合は2番目のキーで並び替わる

ちゃんと商品番号ごとに、売上金額の高い順になった!

💡 Point 　並べ替えの順序

データ	昇順	降順
数値	0→9	9→0
英字	A→Z	Z→A
日付	古い日付→新しい日付	新しい日付→古い日付
かな	あ→ん	ん→あ

※ 空白セルは、昇順でも降順でも表の末尾に並びます。
※ 漢字を入力すると、入力した内容が「ふりがな情報」として一緒にセルに格納されます。漢字は、ふりがな情報をもとに並び替わります。

>>> Column <<< 表を元の順番に戻す

並べ替えを実行したあと、表を元の順番に戻す可能性があるときは連番を入力したフィールドを用意しておきましょう。ここでは、「売上No.」の列を使うと並べ替え前に戻すことができます。また、並べ替えを実行した直後であれば、[⤺] (元に戻す) で元に戻ります。

表を作り直さないで、欲しいデータだけを表示できる？

フィルター

売上データからある商品のデータだけを確認して、元の表の表示に戻したいということはありませんか？そのようなときは、**「フィルター」**を使います。フィルターは、条件に一致するデータだけを表示し、その他のデータは非表示になるだけなので、表を作り直す必要はありません。

はちみつのデータだけを確認したいな〜

ためしてみよう

Sample-48

❶ 表内のセルを選択

❷《データ》タブの《フィルター》をクリック
※ボタンが濃い灰色になります。

❸ 列見出しの 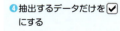 をクリック

❹ 抽出するデータだけを ☑ にする

❺《OK》をクリック

❻ 指定した条件のデータが抽出される

❼ 列見出しの ▼ をクリック

条件を設定している列見出しのボタンが ▼ に変わるよ

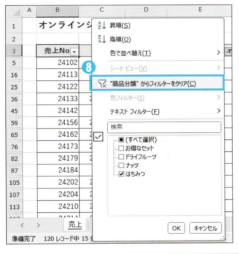

❽《"列見出し"からフィルターをクリア》をクリック

❾ すべてのデータが表示される

Point フィルターの解除

◆《データ》タブ →《並べ替えとフィルター》グループの ▼(フィルター)
※ボタンが標準の色に戻ります。

表をテーブルに変換するって何をすればいいの？

テーブル

「表をテーブルに変換しておいて」といわれてどうしたらよいかわからず困ったことはありませんか？そのようなときは、「挿入」タブの**「テーブル」**を使います。

ためしてみよう　　　　　　　　　　　　　　　　　　　　Sample-49

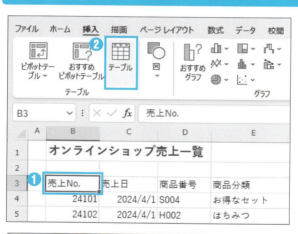

❶表内のセルを選択

❷《挿入》タブの《テーブル》をクリック

❸データ範囲を確認

❹《先頭行をテーブルの見出しとして使用する》を☑にする

❺《OK》をクリック

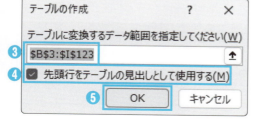

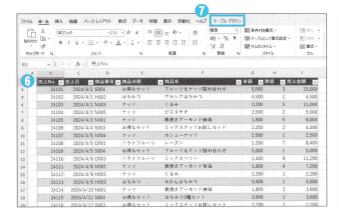

💡 Point 《テーブルデザイン》タブ

テーブルが選択されているとき、リボンに《テーブルデザイン》タブが表示され、テーブルに関するコマンドが使用できる状態になります。

>>> Column <<< テーブルの特徴

「テーブル」に変換しておくとデータの管理が簡単になるので、仕事で利用することも多い機能です。特徴を覚えておきましょう。

❶ フィルターモードになる
列見出しに表示される ▼ を使うと、並べ替えや条件に合ったデータの抽出ができます。

❷ いつでも見出しを確認できる
画面をスクロールすると、列番号に列見出しが表示されます。

❸ 集計行を追加できる
数式を入力しなくても、「合計」や「平均」などの集計方法を選択するだけで集計できます。
◆テーブル内のセルを選択→《テーブルデザイン》タブ→《テーブルスタイルのオプション》グループの《☑集計行》

>>> Column <<< テーブルスタイルのオプション

「テーブルスタイルのオプション」を使うとフィルターボタンを非表示にしたり、縞模様を非表示にしたりなど表示方法を変更できます。

1つのセルに数式を入力したら、列全体に入力された！？

テーブルの数式

表に数式を入力したら、勝手に表の残りのセルにも数式が入力されたことはありませんか？それは、Excelのテーブル機能による自動入力です。

勝手に入力されたけど数式は合ってるのかな？

ためしてみよう

Sample-50

❶ テーブル内のセルを選択

❷ リボンに《テーブルデザイン》タブが表示されることを確認

❸ 数式を入力
※参照するセルはクリックして指定します。

❹ Enter を押す

❺ テーブルの同じ列に、数式が自動で入力される

テーブルの機能で
正しい数式が自動的に
入力されるんだね!

51 売上が高いデータを強調したいけど、数値が変わったらまたやり直し？

条件付き書式

「上位5件の売上金額」など表のデータを強調したいときに、色を付けたり、太字に設定したりすることがよくあります。あとから数値が修正になったときはどうしていますか？そのたびに色を消したり、付けたりしていませんか？そのようなときは、**「条件付き書式」** を使います。数値の変更に合わせて、強調するセルを自動で変更してくれます。

売上金額の高い 5件に色を 付けたいな〜

ためしてみよう

Sample-51

❶ セル範囲を選択

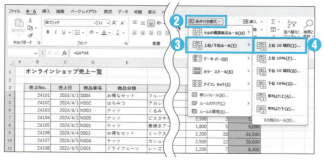

❷《ホーム》タブの《条件付き書式》をクリック

❸《上位/下位ルール》をポイント

❹《上位10項目》をクリック

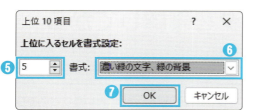

❺件数を設定

❻《書式》の▼をクリックし、一覧から書式を選択

❼《OK》をクリック

❽条件に合うデータのセルに書式が設定される

Point　条件付き書式のルールのクリア

◆ セル範囲を選択→《ホーム》タブ→《スタイル》グループの ［条件付き書式］（条件付き書式）→《ルールのクリア》→《選択したセルからルールをクリア》

52 重複したデータを確認してから削除したい

条件付き書式　重複の削除

「同じデータが入力されていないか確認して、もしあれば削除したい」ということはありませんか？そのようなときは、**「条件付き書式」**で確認し、**「重複の削除」**を使ってデータを削除します。「重複の削除」を使うには、表をテーブルに変換しておきます。

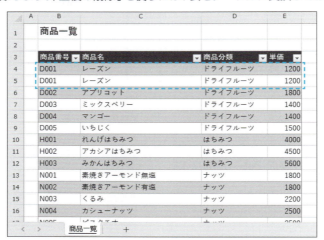

重複しているデータは、本当にここだけかな…？

ためしてみよう

Sample-52

❶ 重複するデータを確認するセル範囲を選択

❷ 《ホーム》タブの《条件付き書式》をクリック

❸ 《セルの強調表示ルール》をポイント

❹ 《重複する値》をクリック

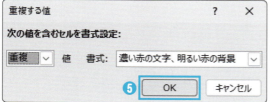

❺ 《OK》をクリック

❻重複する値に書式が設定される

❼テーブル内のセルを選択

❽《テーブルデザイン》タブの《重複の削除》をクリック

❾重複を確認する列を☑にする

❿《OK》をクリック

⓫《OK》をクリック

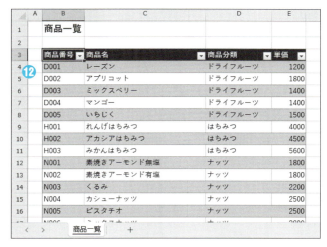

⓬重複したデータが削除される

重複したデータを確認してから削除すると安心だね

割合をグラフで表示したいけど、どの種類のグラフでもいい？

Excel ｜ 円グラフ

「グラフにすれば、データを視覚的に表現できてわかりやすくなる」と思い、とにかくグラフにしていませんか？グラフは、データを比較したり傾向を分析したりするのに適していますが、表現したい内容に適したグラフを選択しないと情報が伝わりにくくなります。割合を表すときは、**「円グラフ」**を使います。

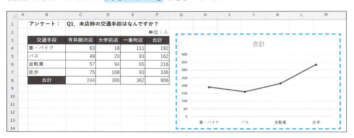

交通手段の割合を見たいんだけど、このグラフだとよくわからないな…

ためしてみよう

Sample-53

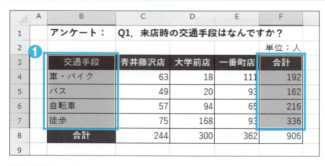

❶ セル範囲を選択

離れた場所を選択するには Ctrl を押しながら選択します

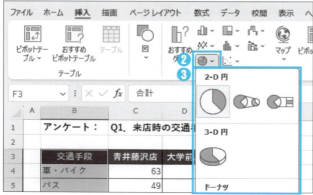

❷《挿入》タブの《円またはドーナツグラフの挿入》をクリック

❸ 一覧から選択

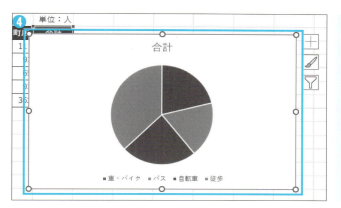

❹ グラフが作成される

>>> Column <<< 主なグラフの種類と特徴

グラフの種類によって特徴が異なります。表現する内容に適したグラフを選択すると、より効果的です。

グラフの種類	特徴
縦棒、横棒、レーダーチャート	比較、大小関係
円、ツリーマップ	全体に占める割合
積み上げ縦棒、積み上げ横棒	内訳
折れ線、面	時間の経過などによる推移
散布図、バブル	関連性、分布

54 Excel 円グラフのデータを 1つだけ強調したい！

切り離し円

円グラフの一部の扇形を強調したいことはありませんか？そのようなときは、強調したい扇形だけを切り離します。

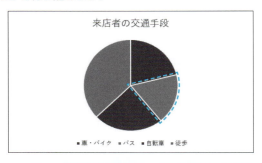

このデータだけ
目立たせたいけど、
どうやったらいいの？

ためしてみよう

Sample-54

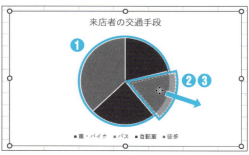

❶ 円をクリック
❷ 強調したい扇形をクリック
❸ 円の外側へドラッグ

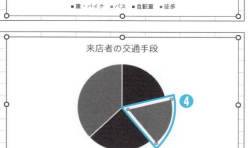

❹ 扇形が切り離される

>>> Column <<< 扇形の色の変更

色を変えて強調したい場合は、1つの扇形を選択後、《書式》タブ→《図形のスタイル》グループの （図形の塗りつぶし）を使います。

グラフの項目名の並び順が逆になってしまった！

[軸の反転]

グラフの項目名の並び順を逆にしたいことはありませんか？そのようなときは、「**軸の反転**」を設定します。

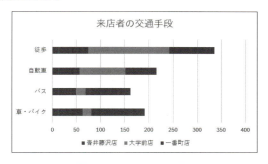

並び順が逆にならないかな…

ためしてみよう

Sample-55

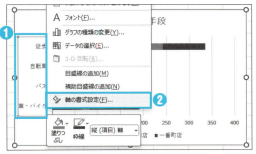

❶ 項目軸を右クリック
❷ 《軸の書式設定》をクリック

❸ 《軸のオプション》をクリック
❹ 《軸のオプション》をクリック
❺ 《軸のオプション》を展開
❻ 《軸を反転する》を ☑ にする
❼ 項目軸の並び順が逆になる
❽ 作業ウィンドウを閉じる

並び順が逆になった！

円グラフのデータを大きい順に表示したい！

グラフのデータの並べ替え

グラフのデータを大きい順に表示したいことはありませんか？そのようなときは、表を降順に並べ替えます。

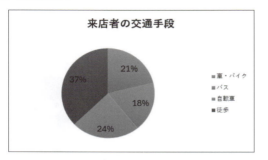

グラフって、並べ替えできないの？

ためしてみよう

Sample-56

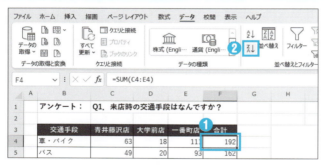

❶ 並べ替えをする列のセルを選択

❷《データ》タブの《降順》をクリック

❸ グラフのデータが大きい順に表示される

Point　グラフの項目の並び順

グラフのデータは、グラフのもとになるセル範囲の先頭から順に表示されます。

グラフに新しいデータを追加したい！

グラフのデータ範囲の変更

グラフを作成したあとに、データを追加したいことはありませんか？そのようなときは、グラフを選択したときに表示される色枠を使って、**「グラフのデータ範囲」**を変更します。

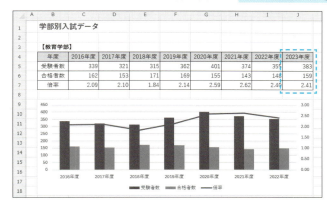

ためしてみよう

Sample-57

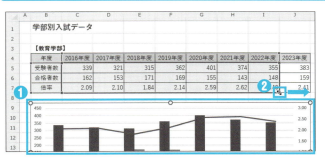

❶ グラフを選択

❷ 色枠の右下の■（ハンドル）をポイントし、マウスポインターの形が ↘ に変わったら追加するセル範囲を含むようにドラッグ

❸ グラフにデータが追加される

58 複合グラフを作ったら、1つの折れ線がほとんど直線になった！

Excel 　第2軸

1つのグラフで複数のデータを表示したときに、データの変化がわからないグラフができてしまったことはありませんか？グラフに表示する数値データに大きな差があると、小さい数値データの変化が表現できなくなるためです。そのようなときは、グラフに**「第2軸」**を設定して、数値の小さいデータの値軸を別にします。

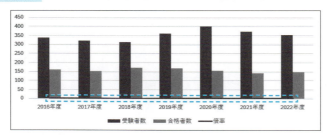

折れ線が直線…
変化がまったくわからないよ〜

ためしてみよう

Sample-58

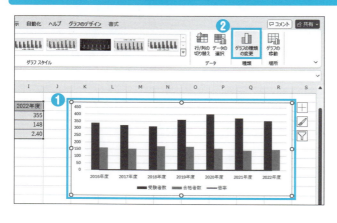

❶ グラフを選択

❷《グラフのデザイン》タブの《グラフの種類の変更》をクリック

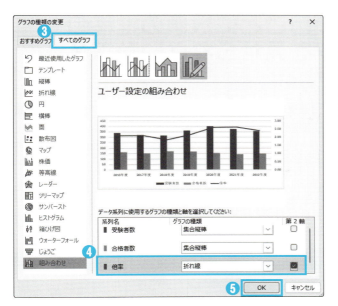

❸《すべてのグラフ》タブを選択

❹第2軸に表示する《系列名》の《第2軸》を☑にする

❺《OK》をクリック

❻第2軸が設定され、目盛が自動で調整される

59 Excel 表の項目ごとに数値の推移のグラフを見せられないかな？

折れ線スパークライン

表の数値とその傾向を一緒に表現したいと思ったことはありませんか？そのようなときは、「**折れ線スパークライン**」を使います。

表の中で数値の傾向がぱっとわかるようにならないかな？

ためしてみよう

Sample-59

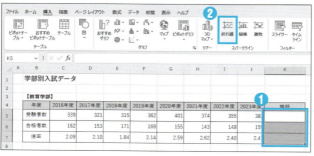

❶ スパークラインを表示するセル範囲を選択

❷《挿入》タブの《折れ線スパークライン》をクリック

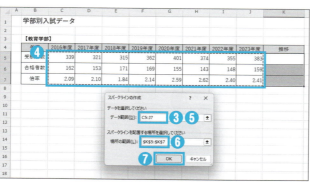

❸《データ範囲》にカーソルが表示されていることを確認

❹ データのセル範囲を選択

❺《データ範囲》が選択したセル範囲になっていることを確認

❻《場所の範囲》が選択したセル範囲になっていることを確認

❼《OK》をクリック

❽折れ線スパークラインが作成される

スパークラインタブが表示されるんだね!

Point スパークラインの削除

◆ スパークラインのセル範囲を選択→《スパークライン》タブ→《グループ》グループの （選択したスパークラインのクリア）

>>> Column <<< スパークラインの種類

スパークラインには次のような種類があります。

●折れ線
時間の経過によるデータの推移を表します。

●勝敗
正の値、負の値をもとにデータを勝敗として表します。

●縦棒
データの大小関係を表します。

データによって使い分けよう!

85

グラフのレイアウトを もっと簡単に変えられない？

クイックレイアウト

なんだか物足りないグラフだけど、何を表示したらいいのかな？と悩んだことはありませんか？そのようなときは、**「クイックレイアウト」**を使います。グラフに表示する要素や位置などのレイアウトが用意されているので、伝えたい内容に合ったレイアウトを見つけてクリックするだけで完了です。

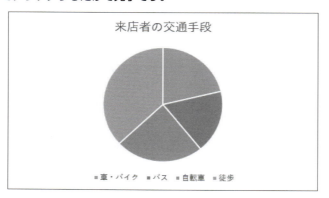

何を表示すると
わかりやすいの？
ヒントが欲しい～

ためしてみよう

Sample-60

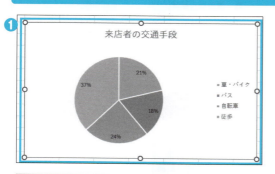

❶ グラフを選択

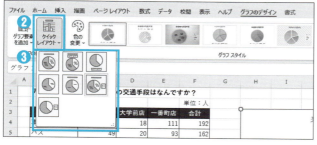

❷《グラフのデザイン》タブの《クイックレイアウト》をクリック

❸ 一覧から選択

86

❹
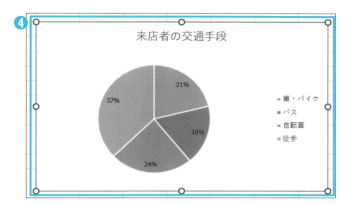

❹ グラフのレイアウトが変更される

💡 Point グラフスタイルの変更

Excelのグラフには、グラフ要素の配置や背景の色、効果などの組み合わせが「スタイル」として用意されています。一覧から選択するだけで、グラフ全体のデザインを変更できます。
◆《グラフのデザイン》タブ→《グラフスタイル》グループ→ ▽

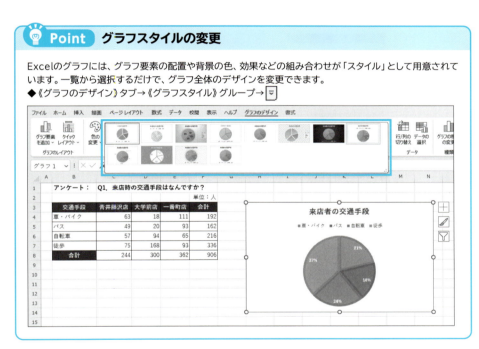

グラフの単位はどうやって表示するの？

軸ラベル

グラフにデータの単位を表示したいことはありませんか？そのようなときは、「グラフ要素を追加」を使って**「軸ラベル」**を追加します。

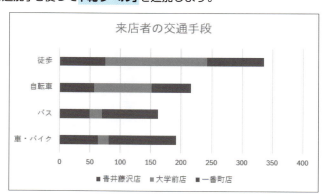

どんな単位なのかわからないよ〜

ためしてみよう

Sample-61

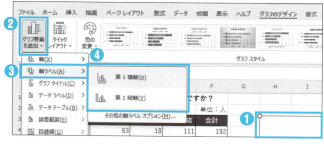

❶ グラフを選択

❷《グラフのデザイン》タブの《グラフ要素を追加》をクリック

❸《軸ラベル》をポイント

❹ 追加するラベルをクリック

❺ 軸ラベルが選択されていることを確認

❻ 軸ラベルをクリックして、カーソルを表示

「選択されている」とは、周囲に○が付いている状態のことだよ

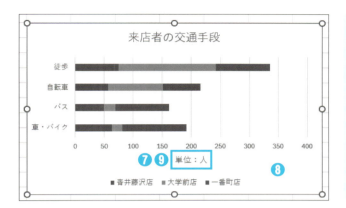

❼ 文字を入力
❽ 軸ラベル以外の場所をクリック
❾ 軸ラベルが確定される

> 💡 **Point** 軸ラベルの削除
>
> ◆軸ラベルを選択→ Delete

≫≫ Column ≪≪ 軸ラベルの移動

軸ラベルの位置は追加された場所でいいですか？もし、違う場所にしたい場合は移動できます。
◆軸ラベルを選択→枠線をポイント→マウスポインターの形が ✥ に変わったらドラッグ

≫≫ Column ≪≪ グラフ要素

軸ラベルやグラフタイトルなどを「グラフ要素」といいます。ほかにも、データラベルや凡例などもあります。
データラベルはデータの値、凡例はデータの色が何を表すかを表示できます。

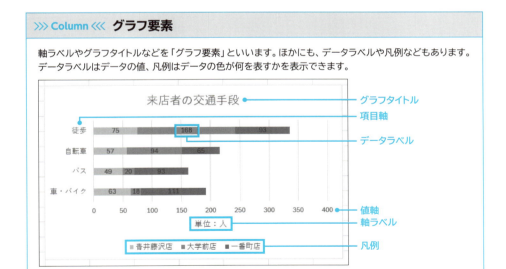

89

グラフだけを目立たせたい！

グラフの移動

グラフをなるべく大きく見やすくしたいことはありませんか？そのようなときは、グラフをグラフ専用の**「グラフシート」**に移動します。グラフシートでは、行列の番号や枠線がなくなり、グラフが見やすくなります。

もっと大きいグラフで
確認したいな〜

ためしてみよう

 Sample-62

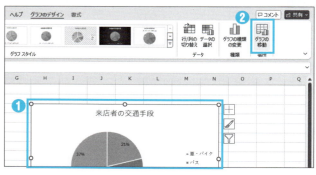

❶ グラフを選択

❷《グラフのデザイン》タブの《グラフの移動》をクリック

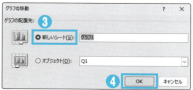

❸《新しいシート》を◉にする

❹《OK》をクリック

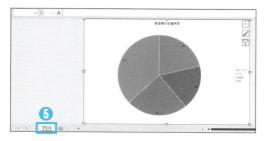

❺ グラフシートにグラフが表示される

シート上に青枠！これ何？

表示モード

ファイルを開いたら青い実線や点線が表示されていたことはありませんか？そのようなときは、「**表示モード**」を「**標準**」にすると、いつもの表示に替わります。表示モードはステータスバーで切り替えます。

ためしてみよう

Sample-63

❶《標準》をクリック

❷ 表示モードが《標準》になる

ブックを保存すると、表示モードも保存されるよ

>>> Column <<< 表示モード

表示モードには ⊞ （標準）のほかに、▣ （ページレイアウト）、凹 （改ページプレビュー）があります。
「ページレイアウト」では、用紙1ページにデータがどのように印刷されるかを確認したり、余白やヘッダー、フッターを直接設定したりできます。
「改ページプレビュー」では、印刷範囲や改ページ位置を確認できます。大きな表を1ページに収めて印刷したり、各ページに印刷する領域を個々に設定したりできます。

64 Excel
表の印刷をしようとしたら、少しだけ列がはみ出ている！

拡大／縮小印刷

印刷するときに、あと少しですべての列が収まるのにはみ出てしまって、列幅を少しずつ狭めて調整したことはありませんか？そのようなときは、**「拡大／縮小印刷」**を使うと表全体が縮小され、ページに収めることができます。

ためしてみよう

Sample-64

❶ 改ページプレビューで表示されていることを確認

❷《ページレイアウト》タブの《横》の▼をクリック

❸《1ページ》をクリック

❹ すべての列が1ページに収まる

Point 改ページプレビュー

改ページプレビューでは、シート上にページ番号とページ区切りが表示され改ページの位置を確認できます。自動的に追加されるページ区切りは青い点線で表示されます。

データのまとまりごとに ページを分けて印刷したい

改ページ位置

自動で入った改ページの位置を変更したいことはありませんか？そのようなときは、「**改ページ位置**」を調整します。

5月のデータから
2ページ目にしたいな〜

ためしてみよう

Sample-65

❶ 改ページプレビューで表示されていることを確認

❷ 改ページを変更する青い点線をポイントし、マウスポインターの形が に変わったらドラッグ

❸ 改ページ位置が変更される

ページ番号が
表示されるよ

Point 改ページの位置を自動に戻す

◆《ページレイアウト》タブ→《ページ設定》グループの (改ページ)→《すべての改ページを解除》

66 Excel 大きな表の印刷、2ページ目以降も表の見出しを入力しておかないとだめ？

タイトル行

大きな表を印刷するときに、複数ページになると2ページ目以降は見出しが印刷されなくなってしまいます。そのようなときは、**「タイトル行」**を設定しておくと、改ページに合わせて見出しが挿入されます。

2ページ目から、見出しがなくなっちゃった…

ためしてみよう

Sample-66

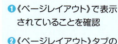

❶《ページレイアウト》で表示されていることを確認

❷《ページレイアウト》タブの《印刷タイトル》をクリック

❸《タイトル行》をクリックして、カーソルを表示

❹見出しの行番号を選択

❺《タイトル行》に行番号が表示されていることを確認
※行番号に$が付いて表示されます。

❻《OK》をクリック

❼2ページ目以降に、設定した表の見出しが表示される

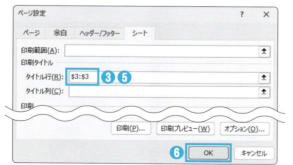

PowerPoint

67 プレゼンテーションの内容と色を合わせるにはどうしたらいいの？

PowerPoint | テーマの色

作成したプレゼンテーションを確認してもらったとき、「内容と色が合っていないんじゃない？」といわれたことはありませんか？色は、プレゼンテーションのイメージを伝える大切な要素です。プレゼンテーションを作成するときは、プレゼンテーションの内容と色が合うように、**「テーマの色」**を変更してみましょう。

プレゼンテーションの内容と色の雰囲気が合っていないかも…

ためしてみよう
Sample-67

❶《デザイン》タブの《バリエーション》の▼をクリック

❷《配色》をポイント

❸一覧から選択
※ポイントすると、画面上で結果を確認できます。

❹配色が変更される

緑は自然、オレンジは暖かさなど、色にはそれぞれイメージがあるよ

Point　リアルタイムプレビュー

「リアルタイムプレビュー」とは、一覧の選択肢をポイントすると、画面上で設定後の結果が確認できる機能です。設定前に確認できるため、繰り返し設定しなおす手間を省くことができます。

フォントをまとめて変更したい！

フォントの置換

プレゼンテーションのフォントは、プレゼンテーションのイメージを伝える大切な要素です。箇条書きなどに異なるフォントが混じっていると、まとまりのない印象になります。プレゼンテーション内の特定フォントを一括で変更するには、**「フォントの置換」**を使います。

ためしてみよう

Sample-68

❶《ホーム》タブの《置換》の▼をクリック

❷《フォントの置換》をクリック

❸《置換前のフォント》の▼をクリックし、一覧からフォントを選択

❹《置換後のフォント》の▼をクリックし、一覧からフォントを選択

❺《置換》をクリック

❻《閉じる》をクリック

❼プレゼンテーション内のフォントが置換される

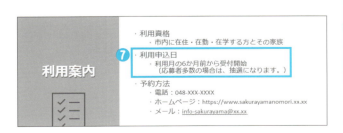

69 PowerPoint
箇条書きテキストの文字の位置はどうやってずらすの？

箇条書きテキストのレベルの変更

文字の開始位置を左右にずらして箇条書きを追加したいのに、上の箇条書きと同じ位置にしか追加できず悩んだことはありませんか？そのようなときは、（インデントを増やす）や（インデントを減らす）を使うと、箇条書きテキストのレベルが変更され、文字の位置を調整できます。

ためしてみよう
Sample-69

❶ レベルを変更する行にカーソルを移動
❷ 《ホーム》タブの《インデントを減らす》/《インデントを増やす》をクリック
❸ 箇条書きのレベルが変わる

Point　箇条書きテキストのレベルの変更

キーボードを使って、箇条書きテキストのレベルを変更することもできます。ただし、キー操作の場合は、カーソルは必ず行頭において操作します。

レベル上げ	Shift + Tab
レベル下げ	Tab

箇条書き内で改行したいのに、先頭にマークが出てしまう！

箇条書きテキストの改行

1つの箇条書き内で改行して文字の書き出しをそろえようとしたら、行頭文字が付いてしまい困ったことはありませんか？そのようなときは、Shift + Enter を押して改行します。

ためしてみよう

Sample-70

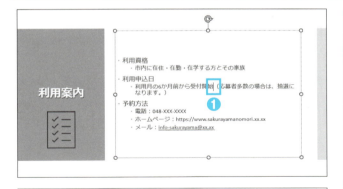

❶ 改行する位置にカーソルを移動

❷ Shift + Enter を押す

❸ 箇条書き内で改行される

71 図形に追加した文字がはみ出してしまった！

PowerPoint 〔図形の書式設定〕

図形に文字を追加したときに、図形からはみ出してしまったことはありませんか？そのようなときは、「**図形の書式設定**」を使うと、図形のサイズを文字列に合わせて自動で調整できます。初期の設定では、図形の幅に合わせて文字列が折り返されます。

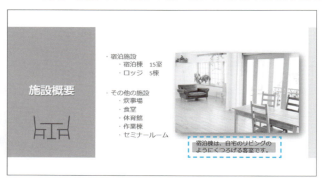

文字にぴったり合うように図形のサイズを変えたいな

ためしてみよう

 Sample-71

❶ 図形を右クリック

❷《図形の書式設定》をクリック

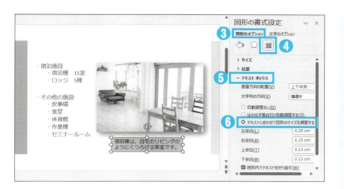

❸《図形のオプション》をクリック

❹《サイズとプロパティ》をクリック

❺《テキストボックス》を展開

❻《テキストに合わせて図形のサイズを調整する》を◉にする

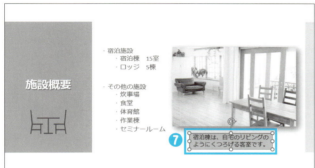

❼図形のサイズが文字列に合わせて調整される

❽作業ウィンドウの《閉じる》をクリック

Point 図形に文字のサイズを合わせる

《はみ出す場合だけ自動調整する》を選択すると、図形に収まるようにフォントサイズが調整されます。

>>> Column <<< 入力した文字列を1列で表示する

「入力した文字列を1行で表示したかった」というときもありますよね。そのようなときは、「テキストに合わせて図形のサイズを調整する」を◉にしたあとに「図形内でテキストを折り返す」を☐にしてください。文字列が1行になり、ぴったりの図形サイズになりますよ。

>>> Column <<< 元に戻す

設定してから元の状態に戻せないってこともありますよね。そのようなときは、Ctrl + Z を使いましょう。押すたびに1つ前の状態に戻ります。アプリや操作内容によっては、完全に戻せないこともあります。

72 図形の位置をきれいにそろえるには どうしたらいいの？

PowerPoint | オブジェクトの配置

スライド内に複数の図形を配置したとき、位置がバラバラになって散らかった印象のスライドになってしまったことはありませんか？**「オブジェクトの配置」**を使うと、複数の図形の位置をすばやくそろえることができます。

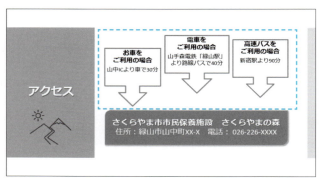

ためしてみよう

Sample-72

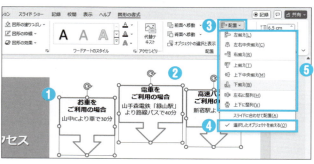

❶ 1つ目の図形を選択

❷ [Shift]を押しながら、そのほかの図形を選択

❸《図形の書式》タブの《オブジェクトの配置》をクリック

❹《選択したオブジェクトを揃える》に ✔ が付いていることを確認

❺ 一覧から配置を選択

❻ 配置が変更される

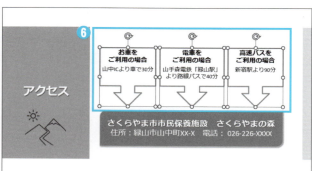

102

Point スライドに合わせて配置

図形を1つだけ選択したときは「スライドに合わせて配置」が有効になり、複数の図形を選択したときは「選択したオブジェクトを揃える」が有効になります。複数の図形をスライドに合わせて配置する場合は、「スライドに合わせて配置」をクリックして ✔ を付けてから、配置を選択します。

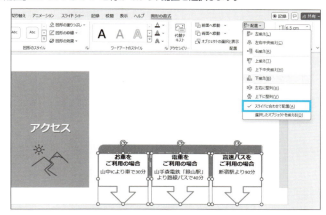

Column スマートガイド

図形や画像などのオブジェクトを移動すると、「スマートガイド」が表示されます。高さや配置などが赤い点線で表示されるのでオブジェクトの配置の目安になります。

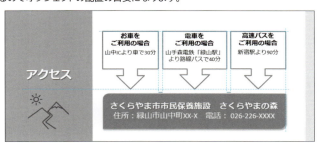

Column 図形のサイズ

配置だけでなく、図形のサイズも同じにしたいことがあるかもしれません。図形のサイズは、図形を選択してから、《図形の書式》タブの《サイズ》グループで設定できます。

103

73 図形の配置はそのままで、全体的に位置を調整したい！

PowerPoint　オブジェクトのグループ化

せっかく配置を整えたオブジェクトを移動することになり、移動先でまた1から配置を整え直すことになってしまったことはありませんか？そのようなときは、オブジェクトを「**グループ化**」しておくと1つのオブジェクトとして扱えるようになるので、個々の配置はそのままでオブジェクトを簡単に移動できます。

この配置のまま移動できないかな

ためしてみよう

Sample-73

❶ 1つ目の図形を選択

❷ [Shift]を押しながら、そのほかの図形を選択

❸《図形の書式》タブの《オブジェクトのグループ化》をクリック

❹《グループ化》をクリック

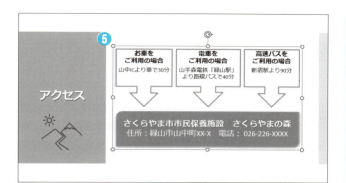

❺グループ化され、図形をまとめて移動できる

> **Point** グループ解除
>
> ◆ グループ化した図形を選択→《図形の書式》タブ→《配置》グループの グループ化 （オブジェクトのグループ化）→《グループ解除》

>>> Column <<< グループ内のオブジェクトの選択

グループ化したオブジェクト内の1つのオブジェクトだけ書式を変更したいということもありますよね。わざわざグループ解除しなくても大丈夫！グループ化したオブジェクトを選択し、さらに変更したいオブジェクトをクリックすると、そのオブジェクトだけが選択されるので、その状態で変更します。グループ解除の手間が省けますよ。

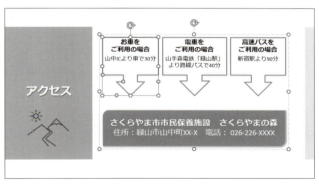

74 スライドが文字ばっかりになっちゃった！うまく整理する方法はない？

PowerPoint｜SmartArtグラフィック

作成したスライドが文字ばっかりになってしまい「何を伝えたいのかわかりづらい」といわれたことはありませんか？プレゼンテーションでは文字の量が多すぎると、見ている人に内容が伝わりにくくなります。そのようなときは、「**SmartArtグラフィック**」を使って、スライドの内容を視覚的にまとめます。

ためしてみよう

Sample-74

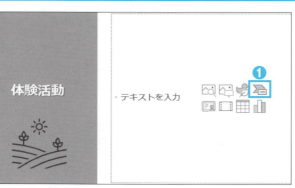

❶《SmartArtグラフィックの挿入》をクリック

❷ 一覧から選択

❸《OK》をクリック

種類がたくさんあるんだね！

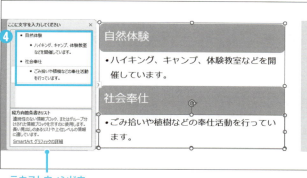

❹《テキストウィンドウ》に文字を入力

※テキストウィンドウが表示されていない場合は、SmartArtグラフィックの左側にある < をクリックしましょう。

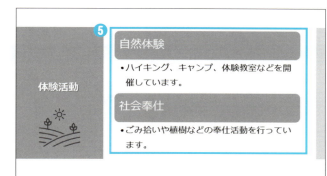

❺SmartArtグラフィックが作成される

> **Point** SmartArtグラフィックの作成

コンテンツのプレースホルダーが配置されていないスライドでもSmartArtグラフィックを作成できます。
◆《挿入》タブ→《図》グループの [SmartArt] （SmartArtグラフィックの挿入）

> **Point** SmartArtグラフィックの図形の追加・削除

図形を追加するには、テキストウィンドウの箇条書きの後ろにカーソルを表示して Enter を押します。
また、図形を削除するには、箇条書きの文字を範囲選択して Delete を押します。
※SmartArtグラフィックの種類によって、箇条書きだけが追加されたり、削除されたりする場合があります。

75 入力済みの文字を使ってSmartArtグラフィックにならないかな?

PowerPoint

SmartArtグラフィックに変換

スライドに入力済みの箇条書きテキストをそのままSmartArtグラフィックにしたいと思ったことはありませんか?**「SmartArtグラフィックに変換」**を使うと、あっという間に箇条書きの内容をSmartArtグラフィックにできるので、文字を入力する手間が省けます。

ためしてみよう

Sample-75

❶ 箇条書きテキストのプレースホルダーを選択

❷《ホーム》タブの《SmartArtグラフィックに変換》をクリック

❸《その他のSmartArtグラフィック》をクリック

❹ 一覧から選択

❺《OK》をクリック

❻ SmartArtグラフィックに変換される

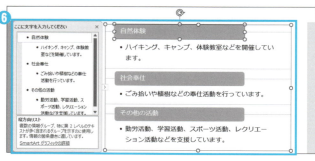

76 挿入した写真が暗すぎるけど、撮り直すしかないの？

PowerPoint | 画像の修整

写真をスライドに入れてみたら、暗すぎたり明るすぎたりして困ったことはありませんか？そのようなときは、写真を撮り直さなくても、PowerPoint上で画像の明るさやコントラストを調整できます。

ガーン…写真が思っていたより暗すぎる～

ためしてみよう

Sample-76

❶ 画像を選択

❷《図の形式》タブの《修整》をクリック

❸《明るさ/コントラスト》の一覧から選択

❹ 画像が補正される

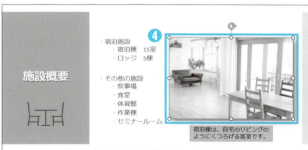

Point 画像のリセット

明るさやコントラストを修整した画像を、挿入した状態に戻せます。
◆画像を選択→《図の形式》タブ→《調整》グループの （図のリセット）

77 PowerPoint
スライドがさみしくなっちゃった！イラストでも入れられないかな？

アイコン

プレゼンテーションを作成しているときに、文字だけでは何か物足りないなと感じたことはありませんか？そのようなときは、スライド内容にあった**「アイコン」**をワンポイントとして挿入すると、見栄えのするスライドになります。

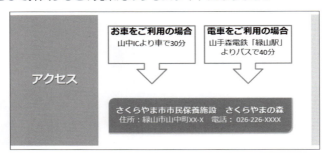

ためしてみよう

Sample-77

❶《挿入》タブの《アイコンの挿入》をクリック

❷ 挿入したいアイコンのキーワードを入力して検索
❸ 一覧からを選択
❹《挿入》をクリック

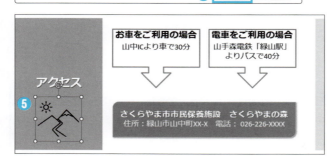

❺ アイコンが挿入される

78 スライドショーを実行しないでアニメーションや画面切り替えの動きを確認したい

PowerPoint

アニメーションのプレビュー　画面切り替えのプレビュー

アニメーションや画面切り替えの動作を確認するときに、「スライドショーをいちいち実行するのは少し面倒だな…」と思うことはありませんか？そのようなときは、**「アニメーションのプレビュー」**や**「画面切り替えのプレビュー」**を使います。

このスライドだけの動きを確認したいんだよね

ためしてみよう

Sample-78

アニメーションのプレビュー

❶ アニメーションを設定したスライドを選択

❷ 《アニメーション》タブの《アニメーションのプレビュー》をクリック

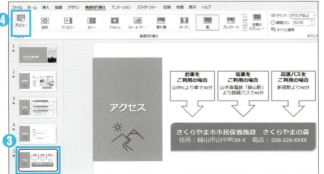

画面切り替えのプレビュー

❸ 画面切り替えを設定したスライドを選択

❹ 《画面切り替え》タブの《画面切り替えのプレビュー》をクリック

画面切り替えは1つ前のスライドから切り替わるよ

111

79 ほかのプレゼンテーションの スライドを利用できないかな？

PowerPoint | スライドの再利用

「すでにあるプレゼンテーションのスライドをまた使いたい」と思ったことはありませんか？そのようなときは、**「スライドの再利用」**を使うと、もう一度作り直す手間を省くことができます。さらに、挿入したスライドは、作成中のプレゼンテーションのテーマが適用されるのでとても便利です。

同じスライドを
もう1回作るのは
嫌だよ～

ためしてみよう

 Sample-79

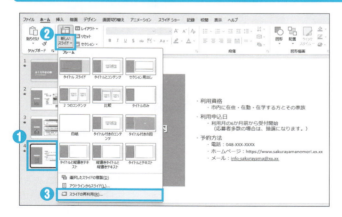

❶ 挿入する位置のスライドを選択
※選択したスライドの次に挿入されます。

❷ 《ホーム》タブの《新しいスライド》の▼をクリック

❸ 《スライドの再利用》をクリック

❹《参照》をクリック

❺ファイルの場所を開く
❻一覧からファイルを選択
❼《開く》をクリック
※《コンテンツを選択》と表示される場合もあります。

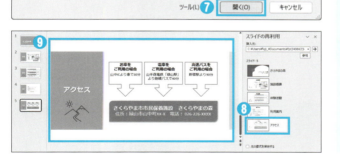

❽利用するスライドをクリック
❾スライドが挿入される

💡 Point　元の書式を保持したスライドの再利用

元のスライドの書式のままスライドを再利用したい場合は、《スライドの再利用》作業ウィンドウの《元の書式を保持する》を ☑ にします。

80 PowerPoint　どうやってスライドにページ番号を表示するの？

スライド番号

スライドにページ番号があると何枚目のスライドかわかりやすくなりますよね。特にプレゼンテーションのスライドを印刷して配布するときは、ページ番号を付けるとよいでしょう。ページ番号を付けるときは、フッターの**「スライド番号」**を使って設定します。

ためしてみよう

Sample-80

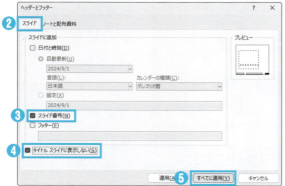

❶《挿入》タブの《ヘッダーとフッター》をクリック

❷《スライド》タブを選択

❸《スライド番号》を☑にする

❹《タイトルスライドに表示しない》を☑にする

❺《すべてに適用》をクリック

❻スライドにページ番号が表示される

114

81 緊張して話すことを忘れてしまいそう！発表内容をメモしておきたい

PowerPoint ｜ ノートペイン

一生懸命に作成したプレゼンテーションを聞き手にしっかり伝えたいですよね。せっかくいい説明が決まっていたのに、プレゼンテーション中に忘れてしまったことはありませんか？**「ノートペイン」**に発表内容や補足事項などを書き込んでおけば安心です。

緊張して話す内容を忘れないか不安だよ～

ためしてみよう
Sample-81

ノートペイン

❶ ノートペインに書き込みたいスライドを選択

❷《ノート》をクリック

❸ 境界線をポイントし、マウスポインターの形が変わったらドラッグして、ノートペインを広げる

❹ ノートペインをクリックしてカーソルを表示し、入力

Point　ノートペインの非表示

◆ 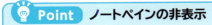 （ノート）をクリック

発表内容を印刷しておくにはどうしたらいい？

ノートの印刷

ノートペインに入力した内容を印刷して手元に置いておきたいことはありませんか？
そのようなときは、スライドをノートの形式で印刷します。

ノートに書き込んだ
内容を手元でも
見られたらいいのにな〜

ためしてみよう

 Sample-82

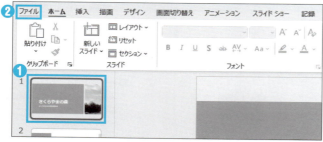

❶ ノートを入力したスライドを選択

❷《ファイル》タブを選択

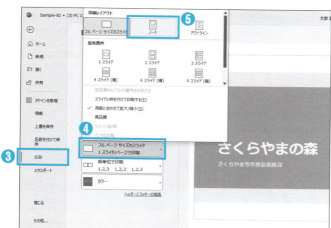

❸《印刷》をクリック

❹《フルページサイズのスライド》クリック

❺《ノート》をクリック

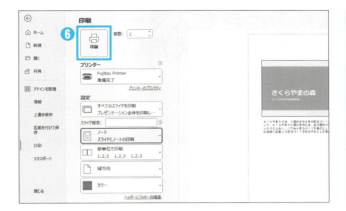

❻《印刷》をクリック

>>> Column <<< メモ欄付きの配布資料

プレゼンテーションのときにスライドのサムネイル（縮小版）とメモ欄の付いた資料が配られたことがありませんか？そのような資料は、印刷レイアウトの「配布資料」を使って印刷しています。1枚の用紙に3枚のスライドを印刷するように設定すると、右半分にメモ欄の付いた資料が印刷されます。

◆《ファイル》→《印刷》→《フルページサイズのスライド》をクリックし、《配布資料》の一覧から《3スライド》を選択

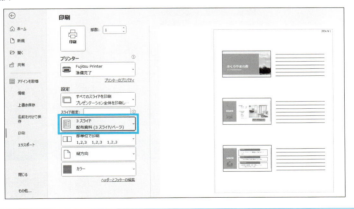

83 質疑応答のときもスマートに スライドを切り替えたい！

PowerPoint スライドの切り替え

プレゼンテーションの質疑応答のときに、質問の内容に合ったスライドを表示したいのになかなか見つからず焦ったことはありませんか？プレゼンテーションでは、内容に合わせてタイミングよくスライドを切り替えることが重要です。自分に合ったスライドの切り替え方法を覚えておきましょう。

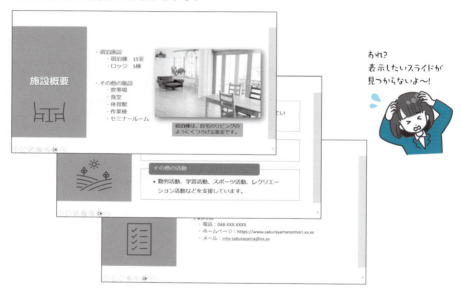

ためしてみよう

Sample-83

❶ F5 を押して、スライドショーを実行

❷ 切り替えたいスライド番号を入力し、Enter を押す

❸

❸スライドが切り替わる

Point　スライドの切り替え

次のスライド	・Enter、スペース、→、↓ ・スライドをクリック、スライドを右クリック→《次へ》 ・スライド左下をポイント→▷
前のスライド	・BackSpace、←、↑ ・スライドを右クリック→《前へ》 ・スライド左下をポイント→◁
スライドを指定	スライド番号を入力→Enter
直前に表示したスライド	・スライドを右クリック→《最後の表示》 ・スライドの左下をポイント→⋯→《最後の表示》

>>> Column <<<　選択したスライドからスライドショーを実行

F5 を押すとプレゼンテーションの初めからスライドショーを実行します。選択したスライドからスライドショーを実行する場合は Shift + F5 を押します。

頑張れ〜!

119

84 大事なプレゼンテーション、本番前に練習したい！

PowerPoint ｜ リハーサル

プレゼンテーションを行う前に、時間内に説明ができるか、スライドを切り替えながら説明を声に出して練習することがありますよね。そのときにストップウォッチを使って時間を測っていませんか？そのようなときは、**「リハーサル」**を使うと、スライドショーを実行しながら各スライドを表示した時間を記録し、スライドショー全体の所要時間を確認できます。

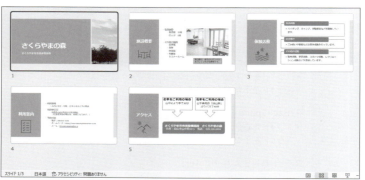

各スライドの目安時間が
わかるといいのにな～

ためしてみよう

Sample-84

❶《スライドショー》タブの《リハーサル》をクリック

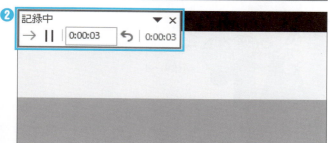

❷画面の左上に《記録中》ツールバーが表示される

❸ 表示されているスライドの原稿を読み、Enterを押して次のスライドを表示

❹ 各スライドの原稿を読み上げながら、スライドショーを最後まで実行

❺ リハーサルが終了すると、メッセージが表示される

❻《はい》をクリック

❼《スライド一覧》をクリック

❽ 各スライドの右下に記録した時間が表示される

Point　記録したタイミングをクリア

◆《スライドショー》タブ→ (このスライドから録画)の →《クリア》→《現在のスライドのタイミングをクリア》／《すべてのスライドのタイミングをクリア》

>>> Column <<< 発表者ツール

「発表者ツール」を使うと、プレゼンテーションを実行しながら、発表者だけがノートペインに書き込んだ内容を見たり、スライドショーの経過時間を確認したりできます。プロジェクターや外部ディスプレイを接続していなくても使えます。説明する資料は印刷がいいのか、画面がいいのかなど試してみてくださいね。
◆スライドショーを実行→スライドを右クリック→《発表者ツールを表示》

自動でプレゼンテーションが進むようにならないかな？

画面切り替えのタイミング

スライドショーの実行中、一定の時間が経過すると自動的にスライドが切り替わってほしいことはありませんか？**「画面切り替えのタイミング」**を使うと、自動で切り替えることができます。

ためしてみよう

Sample-85

❶《画面切り替え》タブの《画面切り替えのタイミング》の《自動》を☑にして、時間を設定

❷《すべてに適用》をクリック

❸各スライドの右下に設定した時間が表示される

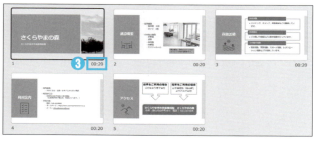

Point 画面切り替えのタイミング

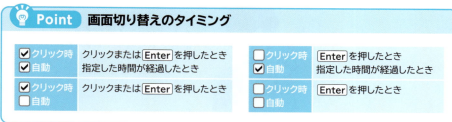

☑クリック時 ☑自動	クリックまたはEnterを押したとき 指定した時間が経過したとき	☐クリック時 ☑自動	Enterを押したとき 指定した時間が経過したとき
☑クリック時 ☐自動	クリックまたはEnterを押したとき	☐クリック時 ☐自動	Enterを押したとき

ファイル管理

86 デスクトップやドキュメントに ファイルがいっぱい！

ファイル管理

フォルダーの作成

「とりあえずデスクトップに保存しておこう」を繰り返していたら、いつの間にかデスクトップがファイルでいっぱいになって、必要なファイルが見つからず困った経験はありませんか？そのようなときは、わかりやすい名前を付けたフォルダーを作成し、ファイルを分類して整理しておくと、すぐに目的のファイルを探し出せます。

たくさんファイルがあって探すの大変だよ～！

ためしてみよう

❶ フォルダーを作成する場所で右クリック
❷《新規作成》をポイント
❸《フォルダー》をクリック

❹ フォルダー名を入力し、Enterを押す
❺ フォルダーが作成される

Point　ファイルとフォルダー

パソコンのデータは、「ファイル」という単位で保存されます。また、「フォルダー」は、関連するファイルをまとめて保存するための入れ物です。フォルダー内に、同じ名前のファイルやフォルダーを保存することはできません。

87 保存したはずのファイルが見つからない！

ファイル管理 ファイルの検索

保存したはずのファイルが見つからず、フォルダーを間違えて保存してしまったのかもしれないと不安になったことはありませんか？そのようなときは、ファイルを検索して目的のファイルを探します。

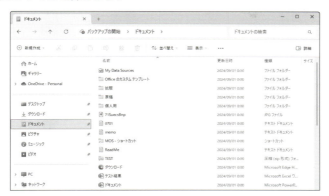

ためしてみよう

❶ 検索するファイル名を入力

❷《ドキュメント》をクリック

❸ ファイルの場所を確認

❹《開く》をクリックすると、ファイルが開かれる

88 どれが最新のファイルかわからない！

ファイル管理 — ファイル名の変更

目的のファイルを探すとき、ファイル名をもとに探しますよね。でも、適当なファイル名を付けていると、目的のファイルが見つからず、時間がかかってしまいます。ファイル名はファイルの管理に大切な要素です。ファイル名を見直しましょう。

ためしてみよう

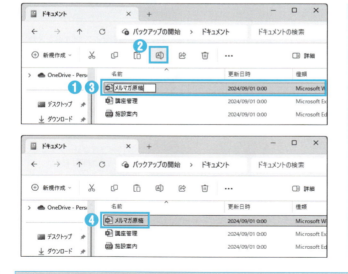

❶ ファイルを選択

❷ 《名前の変更》をクリック

❸ 名前を入力し、Enter を押す

❹ ファイル名が変更される

>>> Column <<< 最適なファイル名

ファイルはフォルダー内でファイル名順に並べ替えることができます。ファイル名を付けるときは、「日付_内容」の形にしておくと、時系列でファイルが並ぶので管理しやすくなります。
例) 20241001_議事録（経理部定例ミーティング）

89 ファイルの保存先まで なかなか行きつかない！

ファイル管理 ショートカット

毎日使っているファイルを開くために、フォルダーの階層をいくつも開かないと、ファイルにたどり着けない…ということはありませんか？そのようなときは、よく使うファイルの**「ショートカット」**を作成しておくと、すぐに目的のファイルを開くことができて便利です。

ためしてみよう

❶ ファイルをマウスの右ボタンでドラッグ

❷《ショートカットをここに作成》をクリック

❸ ファイルへのショートカットが作成される

ファイルを削除したけど、削除してはいけないものだった！

ごみ箱のファイルを元に戻す

大切なファイルをうっかり削除してしまい、後悔したことはありませんか？そのようなときは、あわてずにごみ箱の**「元に戻す」**を使います。ただし、戻せないこともあるので注意が必要です。後悔しないために、パソコンのファイルの削除について覚えておきましょう。

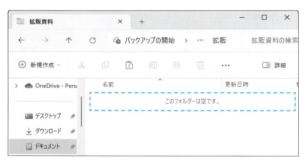

ためしてみよう

❶《ごみ箱》をダブルクリック

❷ ファイルを右クリック

❸《元に戻す》をクリック

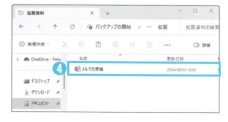

❹ ファイルが元の場所に表示される

91 ファイルをコピーしたはずなのに、元のフォルダーから消えちゃった！

ファイル管理

`ファイルの移動` `ファイルのコピー`

ファイルをドラッグしたらコピーされたり、移動されたりして不思議に思ったことはありませんか？ファイルをドラッグすると、同じドライブ間では**「移動」**、別のドライブ間では**「コピー」**されます。

ためしてみよう

❶ ファイルをドラッグ

❷ ファイルが移動する
❸ `Ctrl`を押しながら、ファイルを元の場所にドラッグ

❹ ファイルがコピーされる

>>> Column <<< 別のドライブ間の移動とコピー

「ドライブ」とは、データの保存装置のことです。パソコン内蔵の保存装置とUSBメモリーは別のドライブになります。別のドライブ間では、`Ctrl`を押さないでドラッグしてもファイルがコピーされます。移動する場合は、`Shift`を押しながらドラッグします。

92 CSV？PDF？ファイルの種類って何があるの？

ファイル管理 | 拡張子の表示

「CSVファイルをExcelで開いて」「PDFファイルで送信して」などといわれて、何のことだろうと困ったことはありませんか？代表的なファイル形式を覚えておきましょう。ファイル形式は、ファイルの先頭にあるアイコンや拡張子で確認できます。

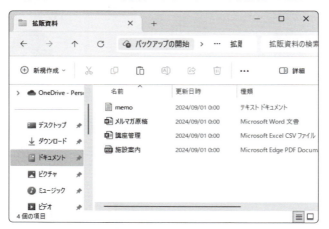

ためしてみよう

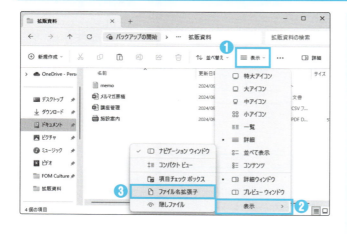

❶《レイアウトとビューのオプション》をクリック

❷《表示》をポイント

❸《ファイル名拡張子》をクリック

❹ ファイル名に拡張子が表示される

ファイルの先頭にあるアイコンでも区別できるね

💡 Point　拡張子

ファイル名の「.（ピリオド）」以降の3文字または4文字のアルファベットを「拡張子」といいます。初期の状態では拡張子は見えない設定になっていますが、パソコンはこの拡張子でファイルの種類を区別しています。

ファイルの種類	主な拡張子	アイコン
テキスト	.txt、.csv	
Word	.docx	
Excel	.xlsx	
PowerPoint	.pptx	
PDF	.pdf	
画像	.jpg、.gif、.png、.bmp　など	

💡 Point　CSVとPDF

「CSV」とは、表形式のデータを「,（カンマ）」で区切って並べたテキスト形式です。異なる種類のアプリ間でデータを交換するときによく利用されます。
「PDF」とは、パソコンの種類や環境にかかわらず、もとのアプリで作成したとおりに正確に表示できるファイル形式です。作成したアプリがなくてもファイルを表示できるだけでなく、データの改ざんを抑止できるため、配布用によく利用されます。

93 圧縮されたファイルを渡されたけど、これはどうしたらいいの？

ファイル管理

[ファイルの展開] [ファイルの圧縮]

「ファイルをZIPで圧縮してあります」といって渡されたデータ、これをどうしたらいいんだろう、と困ってしまったことはありませんか？**「圧縮」**とはデータ量を節約するための仕組みで、複数のファイルを1つのファイルにまとめることができます。圧縮されているファイルは、**「展開」**することで元の状態に戻すことができます。（「解凍」ともいいます。）ファイルをメールに添付したり、複数のファイルをまとめてほかの人に渡したりするときは、圧縮したファイルでやり取りするとよいでしょう。

ためしてみよう

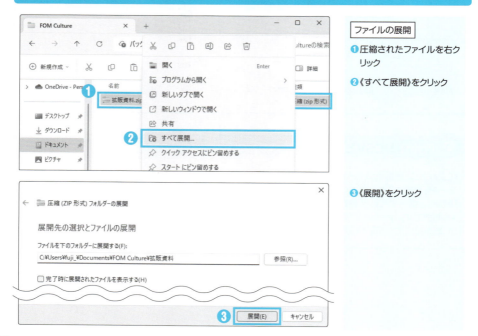

[ファイルの展開]

❶ 圧縮されたファイルを右クリック

❷《すべて展開》をクリック

❸《展開》をクリック

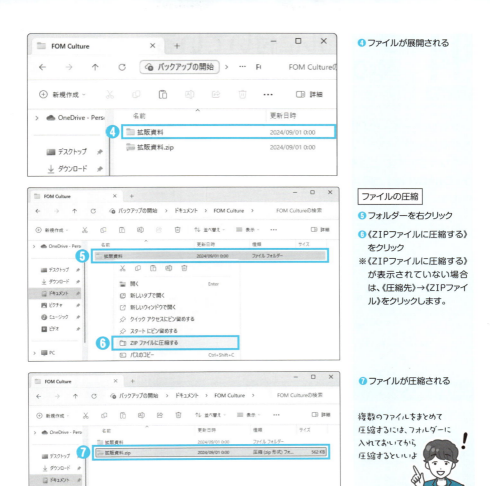

❹ ファイルが展開される

ファイルの圧縮

❺ フォルダーを右クリック

❻《ZIPファイルに圧縮する》をクリック

※《ZIPファイルに圧縮する》が表示されていない場合は、《圧縮先》→《ZIPファイル》をクリックします。

❼ ファイルが圧縮される

複数のファイルをまとめて圧縮するには、フォルダーに入れておいてから圧縮するといいよ

Point ファイルの圧縮形式

ファイルを圧縮するにはいろいろな形式がありますが、ZIPがよく使われている形式です。(その他にもLZHやRARなどがあります。)
ZIP形式で圧縮されたファイルは、Windowsのエクスプローラー上で展開できます。

94 ファイルに付いている雲のマークは何？

ファイル管理 `OneDrive`

エクスプローラーの「状態」に、やなどのマークがあって不思議に思ったことはありませんか？また、ファイルを削除したときに、よくわからないまま「了解しました」をクリックしたことはありませんか？そのようなときは、パソコンの一部のフォルダーが「**OneDrive**」と同期しています。OneDriveとの同期は、停止したり、再開したりできます。

ためしてみよう

❶《OneDrive》をクリック
❷《ヘルプと設定》をクリック
❸《設定》をクリック

❹《同期とバックアップ》をクリック
❺《バックアップを管理》をクリック

❻ 同期するフォルダーをオンにする
❼ 《変更の保存》をクリック
❽ 《閉じる》をクリック

初期の設定では、デスクトップ、ドキュメント、ピクチャが同期されるよ

💡 Point　OneDrive

「OneDrive」とは、マイクロソフト社が提供しているインターネット上の保存先です。Microsoftアカウントを作成し、WindowsにサインインするとOneDriveと同期が開始されます。同期が開始されると、パソコンに保存したファイルやフォルダーが自動的にOneDriveに保存されます。同期しているフォルダー内のファイルを削除したり、パソコンのファイルやフォルダーを更新したりすると、OneDriveにも反映されます。

≫ Column ≪　OneDriveと同期しているファイルの削除

OneDriveと同期しているファイルを削除すると、右のような削除の確認のメッセージが表示されます。

≫ Column ≪　同期の状態

ファイルやフォルダーの横に表示されるアイコンから、OneDriveの状態を確認することができます。

アイコン	状態
✓	パソコンとOneDriveどちらにも保存されている状態
☁	パソコン上にはなく、OneDriveにのみ保存されている状態
🔄	パソコンとOneDriveの同期が進行中または待機中の状態

95 アプリを入れたのに表示されない！どこにあるの？

ファイル管理

アプリのダウンロード／インストール

スマホにアプリを入れるときは自動的にインストールされてホーム画面に出てくるのに、パソコンでは画面に出てこない…と困ったことはありませんか？パソコンの場合、アプリは自動的にはインストールされません。ダウンロードしたアプリは、「ダウンロード」フォルダーに入ります。ダウンロードしたファイルをもとに自分でインストールします。

パソコンだと自動でインストールされないんだね

ためしてみよう

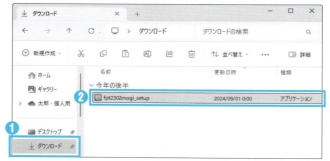

❶《エクスプローラー》の《ダウンロード》をクリック

❷ダウンロードしたアプリをダブルクリック

❸表示される手順に従ってインストール

>>> Column <<< アプリのインストール

自分のスマホに便利なアプリを入れるように、仕事の効率があがるようなアプリがあれば、仕事用のパソコンにもどんどんインストールしたいですよね。
でも、もしかしたら、会社では仕事用のパソコンに勝手にアプリをダウンロードしたり、インストールしたりしてはいけない規則があるかもしれません。ダウンロードやインストールをしてもよいのか、必ず確認してくださいね。

約束だよ

「困っていたことが解決した！」「こうやって操作すると簡単だったんだ！」など、学習の中に新しい気づきはありましたか？本書では、仕事で困ったとき、ほかの人に今さら聞けないようなWord・Excel・PowerPoint・ファイル管理の操作についてご紹介しました。仕事中に困ったとき、すぐに調べられるよう手元に置いていただけると幸いです。

また、本書での学習を終了された方には、「よくわかる」シリーズの「Word 2021応用」「Excel 2021応用」「PowerPoint 2021応用」をおすすめします。
これらの書籍では、一歩進んだ応用的かつ実践的な内容を紹介しています。ステップアップを目指して、ぜひチャレンジしてみてください。

FOM出版

よくわかる
今さら聞けない
「仕事で困った」を解決！
Word・Excel・PowerPoint・ファイル管理
（FPT2408）

2024年10月2日　初版発行

著作／制作：株式会社富士通ラーニングメディア

発行者：佐竹　秀彦

発行所：FOM出版（株式会社富士通ラーニングメディア）
　　　　〒212-0014　神奈川県川崎市幸区大宮町1番地5　JR川崎タワー
　　　　https://www.fom.fujitsu.com/goods/

印刷／製本：株式会社広済堂ネクスト

●本書は、構成・文章・プログラム・画像・データなどのすべてにおいて、著作権法上の保護を受けています。
　本書の一部あるいは全部について、いかなる方法においても複写・複製など、著作権法上で規定された権利を侵害する行為を行うことは禁じられています。
●本書に関するご質問は、ホームページまたはメールにてお寄せください。
　＜ホームページ＞
　上記ホームページ内の「FOM出版」から「QAサポート」にアクセスし、「QAフォームのご案内」からQAフォームを選択して、必要事項をご記入の上、送信してください。
　＜メール＞
　FOM-shuppan-QA@cs.jp.fujitsu.com
　なお、次の点に関しては、あらかじめご了承ください。
　・ご質問の内容によっては、回答に日数を要する場合があります。
　・本書の範囲を超えるご質問にはお答えできません。
　・電話やFAXによるご質問には一切応じておりません。
●本製品に起因してご使用者に直接または間接的損害が生じても、株式会社富士通ラーニングメディアはいかなる責任も負わないものとし、一切の賠償などは行わないものとします。
●本書に記載された内容などは、予告なく変更される場合があります。
●落丁・乱丁はお取り替えいたします。

©2024 Fujitsu Learning Media Limited
Printed in Japan
ISBN978-4-86775-122-0